纺织服装类「十四五」部委级规划教材

女衬衫结构设计与制作

主编　周功扬

副主编　江雄　方壁君

何玲　金宇沁

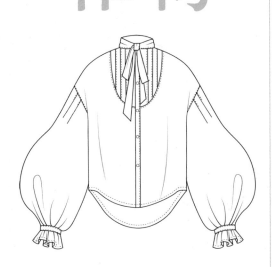

东华大学出版社·上海

图书在版编目（CIP）数据

女衬衫结构设计与制作 / 周功扬主编. -- 上海 :东华大
学出版社, 2024.1
    ISBN 978-7-5669-2165-9

    Ⅰ. ①女… Ⅱ. ①周… Ⅲ. ①女服 - 衬衣 - 服装设计
②女服 - 衬衣 - 服装量裁 Ⅳ. ①TS941.7

    中国版本图书馆CIP数据核字(2022)第241957号

责任编辑　谢　未
版式设计　赵　燕
封面设计　Ivy哈哈

女衬衫结构设计与制作
NÜCHENSHAN JIEGOU SHEJI YU ZHIZUO

主　编：周功扬
副主编：江　雄　方璧君　何　玲　金宇沁
出　版：东华大学出版社
（上海市延安西路 1882 号　邮政编码：200051）
出版社网址：dhupress.dhu.edu.cn
出版社邮箱：dhupress@dhu.edu.cn
营 销 中 心：021-62193056　62373056　62379558
印　刷：上海万卷印刷股份有限公司
开　本：889 mm×1194 mm　1/16
印　张：8.5
字　数：218 千字
版　次：2024 年 1 月第 1 版
印　次：2024 年 1 月第 1 次印刷
书　号：ISBN 978-7-5669-2165-9
定　价：49.00 元

目录

目录

目录

任务一
常规基础女衬衫制作

学习内容

◆ 常规基础女衬衫款式和规格设置

◆ 常规基础女衬衫样板制作

◆ 常规基础女衬衫面辅料裁配

◆ 常规基础女衬衫缝制工艺

学习时间

◆ 56课时

知识目标

◆ 掌握常规基础女衬衫款式分析的能力

◆ 掌握常规基础女衬衫规格设置的方式方法

◆ 掌握常规基础女衬衫结构设计及样板制作的方式方法

◆ 掌握常规基础女衬衫缝制工艺的方式方法

能力目标

◆ 学生能够独立分析常规基础女衬衫制作任务书，拆解、细分任务，完成常规基础女衬衫样衣的制作

情感目标

◆ 培养学生的观察分析能力

◆ 培养学生学习的主动意识

◆ 使学生养成良好的学习习惯

案例导入

　　某技师学院服装设计与制作专业采用一体化教学模式。高二学生张某某通过学习和参照常规基础女衬衫制作任务书（表1-1）的相关内容，逐步完成常规基础女衬衫的试制，并对其进行自评。

表1-1　常规基础女衬衫制作任务书
单位：cm

款式名称	常规基础女衬衫	款式编号	2032S2001
规格尺寸	165/84A	责任人	张某某

款式描述	款式图
常规基础女衬衫为合体型款式；小方领；长袖，袖口开直衩，抽褶且绱直角袖克夫；门襟5颗纽扣；前片左右各收胸省和腰省；后片左右各收肩省和腰省；平底摆。	

规格尺寸

成品规格	后中长（BCL）	背长（BAL）	胸围（B）	腰围（W）	肩宽（SW）	领围（N）	袖长（SL）	袖克夫（宽/高）
165/84A	60	38	96	82	40	40	56	20/3
测量（成衣）	后中度	后中度	夹下2.5折起度	腰节处折起度	平度	领展开度	肩点度下	展开度

面辅料

面料：纯色全棉府绸

辅料：无纺衬，7颗纽扣（门襟5颗，左右袖口各1颗），配色线等

设计：	制板：	样衣：	复核：

知识拓展

想一想：

为什么要有款式编号？

1.款式编号的目的是唯一性及可辨识性。

2.款式编号（款号）的编制原则：

年份如2020年，编制成20或者2020；季节采用春1、夏2、秋3、冬4；批号采用1、2、3、4；款式分类采用衬衫S（shirt）、外套C（coat）；性别分类采用童装0、男装1、女装2；序号从001开始等。

举例：

款式编号为2032S2001，表示此款式是2020年秋季第二批女衬衫第一款。

活动一
常规基础女衬衫款式和规格设置

想一想：

　　张某某根据常规基础女衬衫的任务书，需要先对常规基础女衬衫的款式进行深入分析，我们帮张某某想一想从哪些方面入手分析款式会比较好呢？

一、常规基础女衬衫款式分析（图1-1）

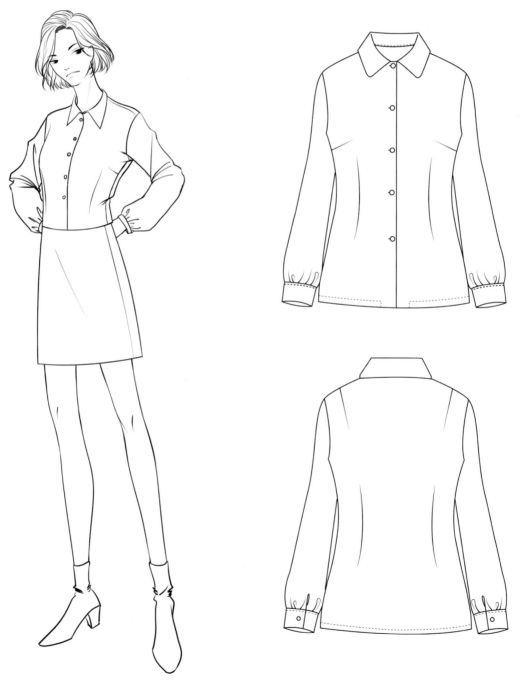

图1-1　常规基础女衬衫效果图及正背面款式图

常规基础女衬衫款式图分析

（1）常规款女衬衫为合体型款式。

（2）领子：小方领。

（3）袖子：长袖，袖口开直衩，抽褶，装直角袖克夫。

（4）门襟：门襟五颗纽扣。

（5）底边：平底边。

（6）细节：前片左右各收一个胸省和一个腰省；后片左右各收一个肩省和一个腰省。

知识拓展

想一想：

1.我们常说的服装设计师，是指从事哪方面工作的专业人员？

2.什么是服装设计？

3.什么是服装款式图？

4.什么样的款式叫衬衫？

1. 服装设计概念

广义上说，服装设计包括服装款式设计、服装结构设计、服装工艺设计等。

狭义上说，服装设计指服装款式设计。

2. 服装款式图概念

服装款式图是指用平面绘图形式来表现服装款式的图，它是服装设计图的补充，常用于服装订单或制造单中。

服装款式图的目的是使服装设计图中表达不具体的部分，通过平面绘图的方式具体而准确地表现出来，它是更注重服装工艺细节的一种服装设计表达方式。常规服装款式图包括款式正面、侧面、背面及细节的表达，绘图过程中一般采用较为规则的线条表达，工整且规范。

3. 衬衫的概念

衬衫是一种既可以穿在内外上衣之间，也可单独穿用的上衣。男衬衫通常胸前有口袋，袖口有袖克夫。19世纪40年代，西式衬衫传入中国。衬衫最初多为男用，20世纪50年代渐被女子采用，现成为常用服装之一。

二、常规基础女衬衫规格设计（表1-2）

想一想：

张某某进行款式分析后，准备开始常规基础女衬衫的结构设计，但是在此之前，他需要认真研究规格尺寸，才能进行结构设计。我们帮张某某想一想，哪些规格尺寸是结构设计中必不可缺的呢？

表 1-2　常规基础女衬衫 165/84A 规格尺寸

款式名称	常规基础女衬衫				款式编号		2032S2001		
部位	后中长（BCL）	背长（BAL）	胸围（B）	腰围（W）	肩宽（SW）	领围（N）	袖长（SL）	袖克夫（宽/高）
净尺寸		38	84	66	40	36		
成品尺寸	60	38	96	82	40	40	56	20/3

常规基础女衬衫测量方法

衬衫肩宽测量：

　　肩膀两侧骨头或者肌肉凸起最宽处的间距就是肩宽尺寸。

衬衫胸围测量：

　　胸围指人体胸部外圈的周长。对于女性来说，以 BP 点（即乳点 bust point）为测量点，用软尺水平测量胸部最丰满处一周，即为女性的胸围尺寸。

衬衫衣长测量：

　　从脖子与肩的交接处（肩颈点）往下量到腰部以下适当位置。

衬衫袖长测量：

　　从肩点到袖口的长度就是袖长。

知识拓展

想一想：

　　1. 测量要求有哪些？

　　2. 如何测量人体尺寸？

1. 人体测量的要求

人体测量工具及方法：

　　最常用的人体测量方法是手工测量，这是其他先进测量方法的基础。

　　手工测量的基本工具主要是软尺（卷尺），它的柔韧性好，可以沿人体体表测量。手工测量方法简单实用，不受时间、地点限制。

人体测量要求：

　　（1）被测者姿态自然放松，采用直立或者端坐这两种姿势。

　　（2）净尺寸测量，为使净尺寸标准，要求被测者穿紧身打底衫进行测量。

　　（3）定点测量，要求找准各被测点，如肩点、肘点等进行测量，保证各部位测量尺寸尽可能准确。

　　（4）围度测量要求软尺松紧适宜，水平围绕一周。

　　（5）长度和宽度测量应该根据人体曲线测量。

　　（6）厘米制测量，不仅通俗易懂，并且规范和统一。

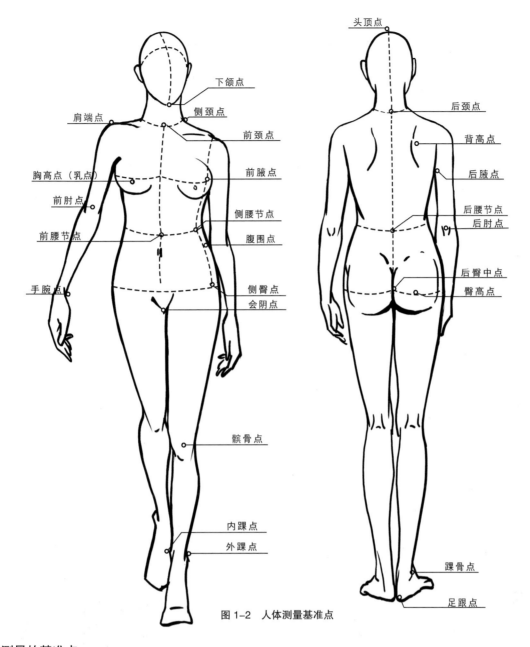

图 1-2 人体测量基准点

2. 人体测量的基准点

从人体测量学的角度来讲，一般都是以骨骼的测量为基础来确定测量点的。这些测量点即以下所述的人体测量基准点，如图 1-2 所示。

（1）头顶点：立正站直，人体头顶最高点，此点为测量身高的基准点。

（2）下颌点：人体下巴端点，此点到头顶点间距为头长尺寸。

（3）前颈点：即锁骨窝，人体前中心线与左右锁骨中间相交点。

（4）后颈点：人体后中心线上，人体第七颈椎凸出点。

（5）侧颈点：又称肩颈点，是指肩线与侧颈的交点部位。

（6）肩端点：肩关节的定点。

（7）前腋点：手臂自然下垂，臂根与胸部形成交合点。

（8）后腋点：手臂自然下垂，臂根与背部形成交合点。

（9）胸高点（乳点）：指胸部乳头凸出点，是制图时非常重要的基准点（即 BP 点）。

（10）后肘点：手臂肘关节的凸出点。

（11）前腰节点：人体前中线与腰节线相交的点。

（12）后腰节点：人体后中线与腰节线相交的点。

（13）侧腰节点：侧缝线与腰节线相交的点。

（14）腹围点：处于盆骨侧面的凹进处，处于中臀的位置，是测量人体腹围的基准点。

（15）臀高点：盆骨和股骨相连最高点，刚好是臀部最丰满处，是测量人体臀围的基准点。

（16）会阴点：人体两腿分开处的顶点位置，是裤子制图的重要基准点。

（17）膝关节点：膝关节髌骨位置。

（18）手腕点：腕关节位置。

（19）内踝点：踝关节的内侧点。

（20）外踝点：踝关节的外侧点。

（21）足跟点：后足跟的底端点，是测量身高、总长、腰高、下体长、下裆长及足跟围的基准点。

3. 人体测量实施

人体是服装结构设计的唯一根据。规格尺寸的依据更是来源于人体测量。人体测量包括高度测量、长度测量、宽度测量、围度测量。

人体高度测量：是指测量从地面到各被测点的垂直距离。

（1）身高：人体立姿时，头顶至地面的垂直距离。它是设置服装号型规格的依据。

（2）总长：人体立姿时，后颈点至地面的垂直距离，也称颈椎点高，如图1-3所示。

（3）腰高：从后中腰节线往下量至足跟底部的垂直距离，如图1-4所示。

（4）下体长：从胯骨最高处量至足跟底部的垂直距离，如图1-5所示。

（5）下裆长：从臀股根往下量至足跟底部的垂直距离，也称股下长，如图1-6所示。

图1-3　总长

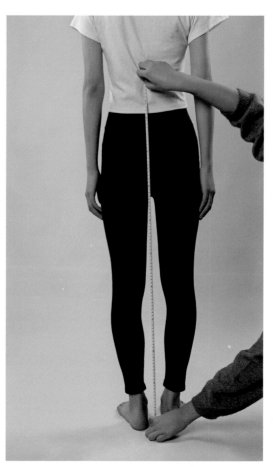

图1-4　腰高

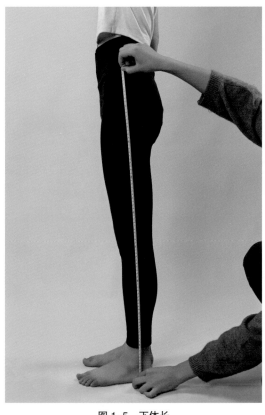

图1-5 下体长

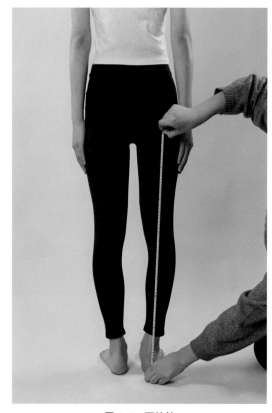

图1-6 下裆长

人体长度测量：是指测量两个被测点之间的距离。

（1）上体长：人体处于坐姿时，后颈椎点至凳面的垂直距离，也称坐姿颈椎点高，如图1-7所示。

（2）背长：从后颈点沿脊柱曲线往下至后腰中心点长度，沿后中线随背形测量，如图1-8所示。

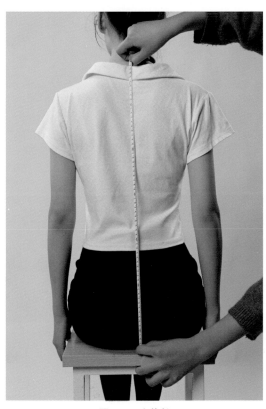

图1-7 上体长

图1-8 背长

（3）后腰节长：从侧颈点往下经肩胛高点笔直量至后腰节线的长度，如图1-9所示。

（4）前腰节长：从侧颈点往下经胸高点笔直量至前腰节线的长度，如图1-10所示。

（5）胸位：从侧颈点往下量至乳头高点的长度，也称胸高和乳下垂，如图1-11所示。

（6）肘长：从肩端点往下量至肘关节的长度，如图1-12所示。

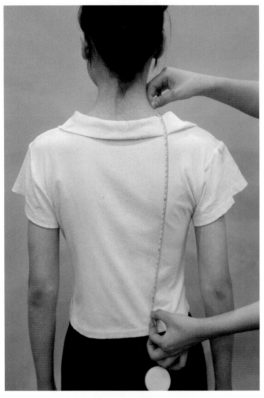

图1-9　后腰节长

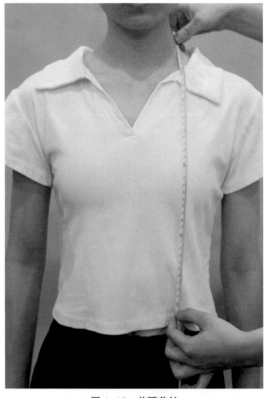

图1-10　前腰节长

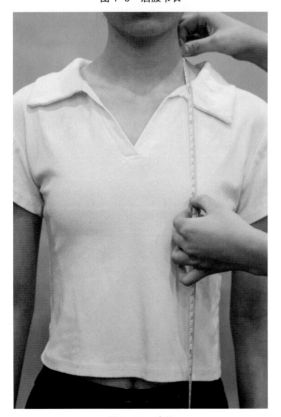

图1-11　胸位

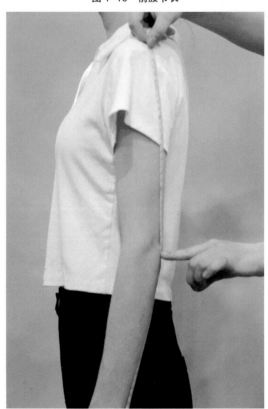

图1-12　肘长

（7）臂长：由肩端点经肘点量至手腕点的长度或由肩端点量至手腕点的长度，如图1-13所示。

（8）前后上裆长：从前腰节线中点往下经过股根量至后腰节线中点的长度，也称圆裆。由前腰节线到裆底十字缝称为前浪尺寸，由后腰节线到裆底十字缝称为后浪尺寸，前浪尺寸与后浪尺寸的和即前后上裆长，如图1-14所示。

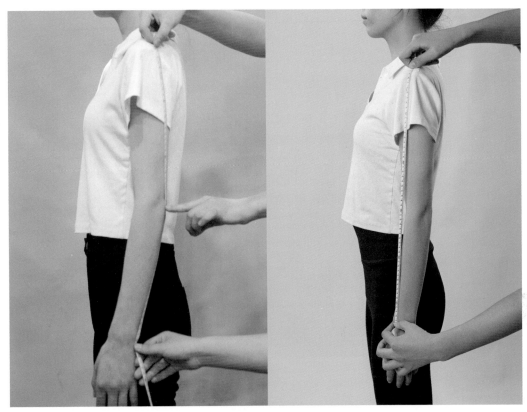

图1-13　臂长

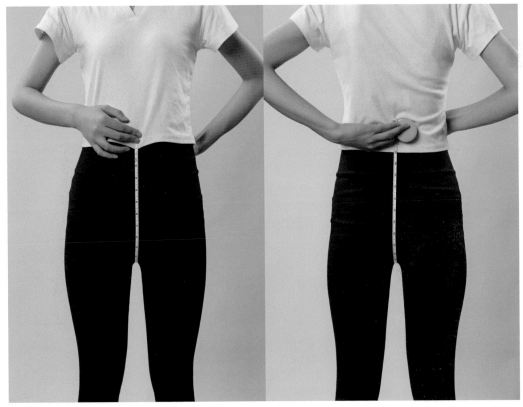

图1-14　前后上裆长

（9）膝长：从腰节线往下量至膝盖骨下端的长度，如图 1-15 所示。

（10）上裆长：人体处于坐姿时，从腰节线往下量至股根的长度，也称为股上长和坐高，如图 1-16 所示。

（11）衣长：衣长是指服装的后中长，从后颈点往下量至所需的长度。

图 1-15　膝长

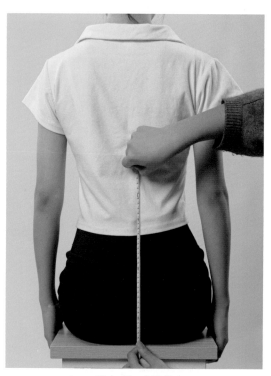

图 1-16　上裆长

人体宽度测量：是指测量人体某些部位左右两点之间的距离。

（1）肩宽：手臂自然下垂，用软尺从左肩端点经后颈中心量至右肩端点之间的宽度，如图 1-17 所示。

（2）水平肩宽：手臂自然下垂，用软尺自肩端点的一端量到肩端点的另一端，如图 1-18 所示。

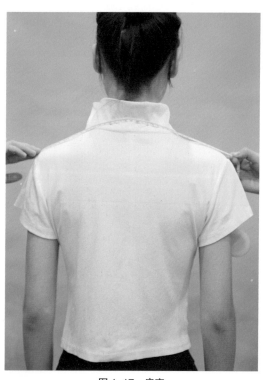

图 1-17　肩宽

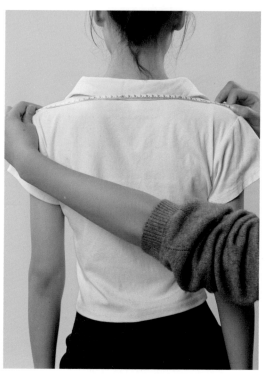

图 1-18　水平肩宽

（3）侧肩宽：颈椎点与肩颈点之间的测量宽度，也称肩长，如图 1-19 所示。

（4）背宽：背部左右腋点之间的测量宽度，如图 1-20 所示。

（5）胸宽：前胸左右腋点之间的测量宽度，如图 1-21 所示。

（6）乳间距：左右两乳头之间的测量宽度，如图 1-22 所示。

图 1-19　侧肩宽

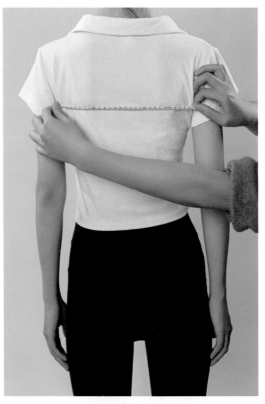

图 1-20　背宽

图 1-21　胸宽

图 1-22　乳间距

人体围度测量：一般是指经过某一被测点绕体一周的长度。

（1）胸围：经胸高点（BP 点）、腋窝和肩胛骨位置，用软尺水平围成一周测量的长度，如图 1-23 所示。

（2）乳下围：在乳房下边缘用软尺水平围成一周测量的长度，如图 1-24 所示。

（3）腰围：在腰部最细处用软尺水平围成一周测量的长度，如图 1-25 所示。

（4）腹围：在腹部（腰与臀的中间）用软尺水平围成一周测量的长度，也称中腰围，如图 1-26 所示。

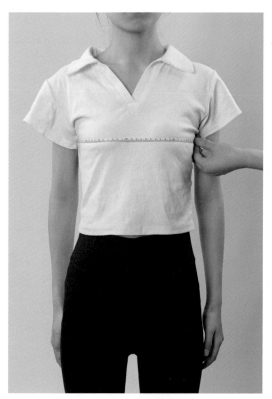

图 1-23 胸围

图 1-24 乳下围

图 1-25 腰围

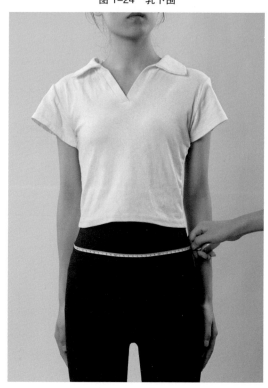

图 1-26 腹围

（5）臀围：以大转子点为测点，在臀部最丰满处用软尺水平围成一周测量的长度，如图 1-27 所示。

（6）腋下围：在腋下用软尺自然围成一周测量的长度，如图 1-28 所示。

（7）头围：两耳上方，在额头经脑后突起处围成一周测量的最大长度，如图 1-29 所示。

（8）颈根围：分别经过前、后、侧颈点用软尺围成一周测量的长度，如图 1-30 所示。

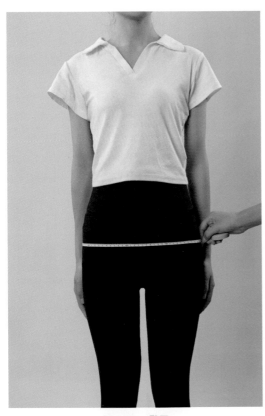

图 1-27　臀围

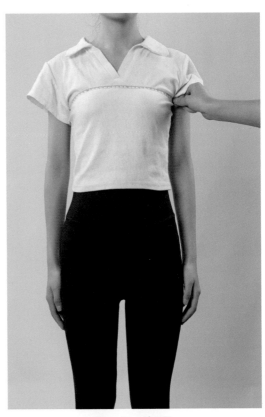

图 1-28　腋下围

图 1-29　头围

图 1-30　颈根围

（9）颈围：在颈根围水平向上 3~4 cm 处，绕颈一周的长度，如图 1-31 所示。

（10）手臂根围：手臂自然下垂，从肩端点分别经过前腋点、后腋点用软尺围成一周测量的长度，如图 1-32 所示。

（11）上臂围：手臂自然下垂，从上臂最粗处用软尺围成一周测量的长度，如图 1-33 所示。

（12）肘围：手臂自然下垂，在肘关节处用软尺围成一周测量的长度，如图 1-34 所示。

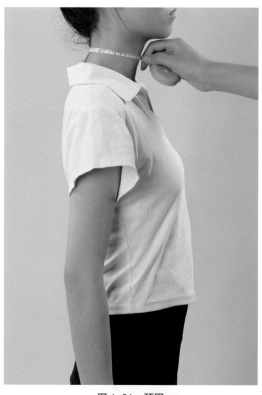

图 1-31　颈围

图 1-32　手臂根围

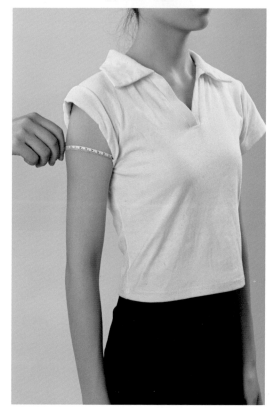

图 1-33　上臂围

图 1-34　肘围

（13）手腕围：手臂自然下垂，在腕关节处用软尺围成一周测量的长度，如图 1-35 所示。

（14）手掌围：四指并拢，拇指弯曲与手掌并拢，用软尺围成一周测量手掌最宽厚处的长度，如图 1-36 所示。

（15）大腿根围：人体处于立姿时，在大腿根处用软尺围成一周测量的长度，也称横裆尺寸，如图 1-37 所示。

（16）膝围：在膝部用软尺围成一周测量的长度，测量时软尺上边缘与胫骨点对齐，如图 1-38 所示。

图 1-35　手腕围

图 1-36　手掌围

图 1-37　大腿根围

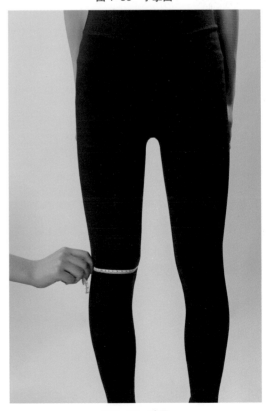

图 1-38　膝围

（17）踝围：将软尺紧贴皮肤，经踝骨点测量一周所得的长度，如图 1-39 所示。

（18）足根围：在后足跟经前后踝关节用软尺围成一周测量的长度，如图 1-40 所示。

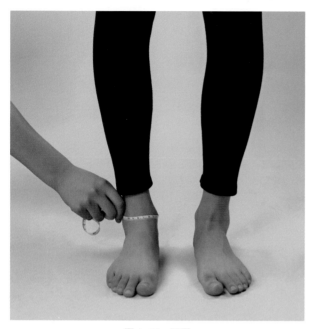

图 1-39　踝围

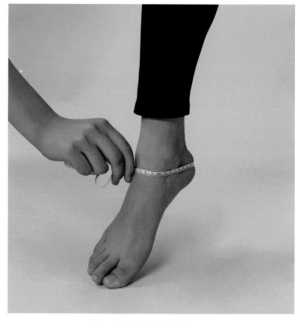

图 1-40　足根围

知识拓展

想一想：

　　1.什么是服装规格号型？

　　2.服装号型如何表示？

　　3.服装号型有哪些？

　　4.人体体型如何分类？

　　5.服装号型的规格如何设置？

1. 服装规格号型的概念

号（height）：指人体身高，以厘米为单位，是设计和选购服装长短的依据。

型（girth）：指人体的胸围或腰围，以厘米为单位，是设计和选购服装肥瘦的依据。

体型（body type）：以人体胸围与腰围的差数为依据来划分人体类型。

注意：服装"号型"指的是人体的净尺寸，而"规格"指的是服装成衣尺寸。

2. 服装号型的表示

　　如 165/84A 指上衣号型，165 指身高为 163~167 cm，84 指胸围为 82~85 cm，A 指适合胸腰差为 14~18 cm 的女性穿着。

　　如 165/68A 指下装号型，165 指身高，68 指腰围，A 指胸腰差。

　　服装必须严格按照上下装的号型分别标注，即使是套装也应如此标注，以便消费者购买时选择。

3. 体型分类

165/84A 中 A 表示的即为体型，我国人体体型分为 Y、A、B、C 四种，体型分类是根据人体的胸腰差来定的，如表1-3所示。这里提到的胸腰差都为净尺寸。

表 1-3　我国人体体型分类　　　　　　　单位：cm

体型代号	体型	女性胸腰差	男性胸腰差
Y	瘦体	19~24	17~22
A	标准体	14~18	12~16
B	较胖体	9~13	7~11
C	胖体	4~8	2~6

4. 服装号型系列

号型系列是指人体各体型从中间体向两边依次递减或递增，身高一般 5 cm 一档，胸围 4 cm 一档，腰围 4 cm、2 cm 一档。上衣由身高和胸围搭配组成 5·4 号型系列，下装由身高和腰围搭配组成 5·2 号型系列（表1-4~ 表1-7）。

表 1-4　女子 5·4、5·2Y 号型系列　　　　　　单位：cm

胸围	Y													
	身高													
	150		155		160		165		170		175		180	
	腰围													
72	50	52	50	52	50	52								
76	54	56	54	56	54	56	54	56						
80	58	60	58	60	58	60	58	60	58	60				
84	62	64	62	64	62	64	62	64	62	64	62	64		
88	66	68	66	68	66	68	66	68	66	68	66	68	66	68
92	70	72	70	72	70	72	70	72	70	72	70	72	70	72
96			74	76	74	76	74	76	74	76	74	76	74	76
100					78	80	78	80	78	80	78	80	78	80

表 1-5 女子 5・4、5・2A 号型系列　　　　　　　单位：cm

A																					
胸围	身高																				
	150			155			160			165			170			175			180		
	腰围																				
72	54	56	58	54	56	58	54	56	58												
76	58	60	62	58	60	62	58	60	62	58	60	62									
80	62	64	66	62	64	66	62	64	66	62	64	66	62	64	66						
84	66	68	70	66	68	70	66	68	70	66	68	70	66	68	70	66	68	70			
88	70	72	74	70	72	74	70	72	74	70	72	74	70	72	74	70	72	74	70	72	74
92	74	76	78	74	76	78	74	76	78	74	76	78	74	76	78	74	76	78	74	76	78
96				78	80	82	78	80	82	78	80	82	78	80	82	78	80	82	78	80	82
100							82	84	86	82	84	86	82	84	86	82	84	86	82	84	86

表 1-6 女子，5・4、5・2B 号型系列　　　　　　　单位：cm

B														
胸围	身高													
	150		155		160		165		170		175		180	
	腰围													
68	56	58	56	58	56	58								
72	60	62	60	62	60	62	60	62						
76	64	66	64	66	64	66	64	66						
80	68	70	68	70	68	70	68	70	68	70				
84	72	74	72	74	72	74	72	74	72	74	72	74		
88	76	78	76	78	76	78	76	78	76	78	76	78	76	78
92	80	82	80	82	80	82	80	82	80	82	80	82	80	82
96	84	86	84	86	84	86	84	86	84	86	84	86	84	86
100			88	90	88	90	88	90	88	90	88	90	88	90
104					92	94	92	94	92	94	92	94	92	94
108							96	98	96	98	96	98	96	98

表 1-7 女子 5·4、5·2C 号型系列　　　　　　　　　　单位：cm

胸围	C													
	身高													
	150		155		160		165		170		175		180	
	腰围													
68	60	62	60	62										
72	64	66	64	66	64	66								
76	68	70	68	70	68	70								
80	72	74	72	74	72	74	72	74						
84	76	78	76	78	76	78	76	78	76	78				
88	80	82	80	82	80	82	80	82	80	82				
92	84	86	84	86	84	86	84	86	84	86	84	86		
96	88	90	88	90	88	90	88	90	88	90	88	90	88	90
100	92	94	92	94	92	94	92	94	92	94	92	94	92	94
104			96	98	96	98	96	98	96	98	96	98	96	98
108					100	102	100	102	100	102	100	102	100	102
112							.104	106	104	106	104	106	104	106

5. 服装系列规格的设置

服装系列规格尺寸是通过服装放码（又称推码或推档）来实现的。服装放码是指以中间码（母板）为基础，以档差为依据，按放码原则做出一系列样板的过程。

档差是指系列样板中，服装相邻两个尺码之间的尺寸差值。

（1）常规尺寸档差设置：

胸围 4cm；

腰围 4cm/2cm；

臀围 4cm；

领围 1cm；

衣长 2cm；

背长/腰节长 1cm；

袖长 1.5cm；

肩宽 1cm。

（2）女衬衫成品规格参考，如表1-8所示。

表1-8　女衬衫成品规格参考表（5·4系列）　　　　　单位：cm

部位	型号				
	155/76A	160/80A	165/84A	170/88A	175/92A
后中长	57	58.5	60	61.5	63
背长	36	37	38	39	40
胸围	88	92	96	100	104
腰围	72	78	82	86	90
肩宽	38	39	40	41	42
领围	38	39	40	41	42
袖长	53	54.5	56	57.5	59

活动二
常规基础女衬衫样板制作

接下来，张某某开始进行常规基础女衬衫的结构设计及样板制作，为之后的样衣缝制做好准备。

一、常规基础女衬衫结构制图

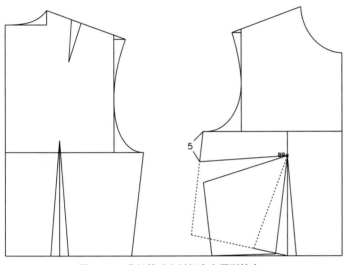

图 1-41　常规基础女衬衫衣身原型转省

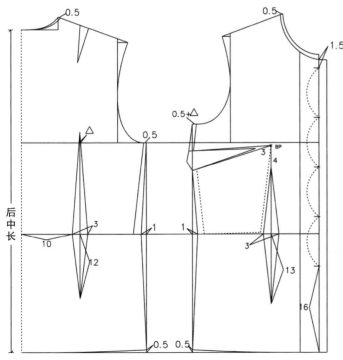

图 1-42　常规基础女衬衫衣身结构设计（单位：cm）

1. 衣身原型转省（图 1-41）

（1）衣身原型制板，要求前后衣身原型腰节线在同一水平线上；

（2）腰省转移：衣身原型前片侧缝斜线从上端点往下取 5cm 定点，将腰省转为侧缝省，使得腰节线在同一水平线上。

2. 衣身结构设计（图 1-42）

（1）后中长：延长衣身原型后片背长线 22cm，后中长定为 60cm；

（2）前后领：前后领沿肩斜线开大 0.5cm，前中直开领加大 1cm，画顺前后领围线；

（3）胸围：后胸围加大 0.5cm，前胸围加大 0.5cm+ △；

（4）后侧缝线：后腰侧缝收 1cm，侧缝下摆抬高 0.5cm，画顺后侧缝线；

（5）前侧缝线：前腰侧缝收 1cm，注意侧缝省的省尖距离 BP 点 3cm，两条省边一样长，侧缝处的下摆抬高 0.5cm，画顺前侧缝线；

（6）后腰省：后腰省为 3cm，距离后中 10cm处画省道线，腰节线以上省长同原型省长，腰节线以下省长为 12cm；

（7）前腰省：前腰省大为 3cm，腰节线以上省尖距离 BP 点 4cm，腰节线以下省长为 13cm；

（8）下摆底边：前后底边侧缝抬高 0.5cm，画顺底边线；

（9）叠门量：向右平移前中线，距离前中线1.5cm；

（10）扣眼位：扣眼位距离上口 1.5cm，距离下口 16cm，5 个扣眼位平均分布。

3. 领子结构设计（图1-43）

（1）画一条水平基础线；

（2）过水平基础线左端点，向上作11cm长垂直线；

（3）过水平基础线与垂直线的交点，向上取4cm定点，过此点向右作水平线，长为1/2后N（N为衣身领围）；

（4）过1/2后N右端点，作1/2前N长的线段交于水平基础线，并将其三等分；

（5）过水平基础线与1/2前N长的斜线交点，垂直向上作7cm线段，并过其上端点，作4cm长水平线定点，连接两者端点；

（6）作领上口线与领下口线，注意领下口线过1/2前N的三分之一点处需垂直向外0.3cm并过此点画弧线。

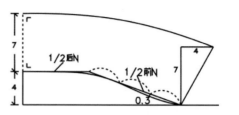

图1-43　常规基础女衬衫领子结构设计（单位：cm）

4. 袖子结构设计（图1-44）

（1）垂直画一条长为"袖长-3cm"的垂直线，即袖中线；

（2）过袖中线顶点（袖山顶点）取"AH/4+2.5cm"（AH为衣身袖窿长），作水平线，即袖肥线；

（3）过袖山顶点，作前AH的前袖山斜线和后AH的后袖山斜线；

（4）过袖中线底点，作水平线，即袖口辅助线；

（5）过前袖山斜线与袖肥线交点，作垂直线与袖口辅助线相交，即前袖缝线；

（6）过后袖山斜线与袖肥线交点，作垂直线与袖口辅助线相交，即后袖缝线；

（7）作前袖山弧线，将前袖山斜线四等分，靠近袖山顶点的等分点垂直斜线向外凸起1.8cm，靠近前袖缝线的等分点垂直斜线向内凹进1.5cm，斜线中点顺斜线向下1cm作为前袖山弧线的转折点，过以上定点用曲线画顺前袖山弧线。

（8）作后袖山弧线，将后袖山斜线三等分，靠近袖山顶点的等分点垂直斜线向外凸起1.8cm，靠近后袖缝线的三分之一斜线再二等分，在等分点处垂直斜线向内凹进0.5cm，斜线靠近后袖缝线的三分之一等分点作为后袖山弧线的转折点，过以上定点用曲线画顺后袖山弧线。

（9）作袖口弧线，分别将前后袖口辅助线二等分，前袖口中点向上凹进1.5cm，后袖口中点作为切点，袖口的两端均向上移1cm定点，确定袖口弧线的四个定点，用曲线画顺袖口弧线。

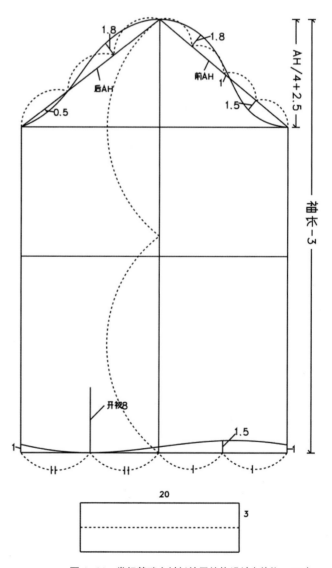

图1-44　常规基础女衬衫袖子结构设计（单位：cm）

知识拓展

想一想：

1. 什么是服装结构设计？

2. 常见的制图工具有哪些？

3. 常用制图符号有哪些？

4. 常用制图代号有哪些？

5. 结构线条有哪几种？

6. 上衣基本部件名称是什么？

7. 上衣部位线条名称有哪些？

8. 上衣原型结构如何设计？

9. 省道转移如何操作？

1. 服装结构设计概念

服装结构设计位于服装设计的中间环节，前有服装款式设计，后有服装工艺设计。服装结构设计是将服装款式设计所确定的服装立体轮廓造型和细部造型分解成平面衣片的过程，揭示服装细部的形体、数量吻合关系、整体与细部的组合关系，修正服装款式设计中不可分解的部分，改正费工费料及不合理的结构关系，是将服装款式设计的构思转化成服装平面结构图的整个过程。因此，服装结构设计既是服装款式设计的延伸和发展，又是服装工艺设计的准备和基础，在整个服装设计中起着承上启下的作用。

2. 常见的制图工具

（1）制图工作台：

工作台即制图用的桌子，要求平坦无接缝，大小以长 120~140 cm、宽 90 cm 左右适宜，高度略低于使用者臀围线，桌子能平整地铺开全开制板纸张，以便使用者操作自如。

（2）纸张：

常用的制板纸张以全开尺寸为佳，为保证良好的重复实用性能，纸张的质量需要有保证。除常用的制板纸外，另有画净样用的卡纸、半透明的塑料板等。

（3）尺：

常用的制图尺有放码尺、常规直尺、比例尺、曲线尺、三角板、软尺等。建议制图用透明有机玻璃制成的尺子，这种尺子不遮挡制图线及数据，制图过程一目了然。若制图尺有一定的柔韧度就更好，可以画各种曲度不是很大的弧线。

（4）笔：

制图常用铅笔适合选择 HB、2B 等绘图铅笔。H 代表硬型，B 代表软型。制图用铅笔需软硬适中。除铅笔外，制图偶尔会用到标线的彩色笔。布料上适合用水消笔、气消笔、划粉等工具绘制。

（5）剪刀：

建议选用专业的缝纫剪刀，常见的有 9 寸（24 cm）、11 寸（28 cm）等规格。注意剪纸的剪刀和剪布的剪刀需要分开。

（6）其他：

滚轮（描线器）、锥子、打孔器、刀眼器（对位器）、大头针、人台等。

3. 常用制图符号

制图符号的使用，可以使图纸更统一、规范，且更便于识别。制图符号是服装结构设计的基本语言，也是表达的基本手段。

（1）样板结构设计符号，如表1-9所示。

表1-9　样板结构设计符号

名称	符号	意义
轮廓线	▬▬▬▬▬	结构图的轮廓线或制成线
辅助线	————	在完成轮廓线过程中的各种辅助用线
贴边线	—·—·—·—·—	表示贴边轮廓的线，如门襟、领口、袖窿等
翻折线	— — — — —	一是指连裁不破缝，如左右对称的后片后中线；二是指折痕，如翻驳领的翻折线
等分线	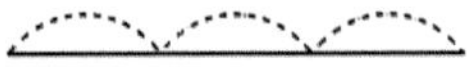 ⌒⌒⌒⌒	表示某部分平均分成若干等份
等长符号	△○◇……	表示制图中尺寸相同的部位
直角符号	 ∟	表示两条轮廓线相交成直角
重叠符号	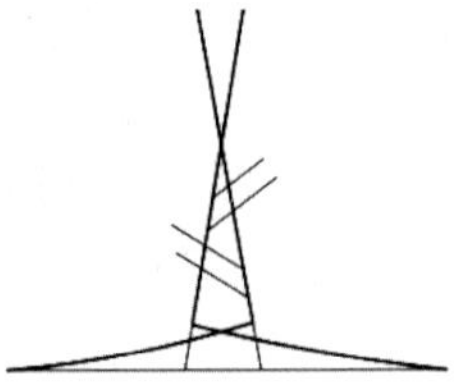	轮廓线有重叠部分，需要分离，复制样板时各归其主，用双斜线表示所属关系
拼接符号	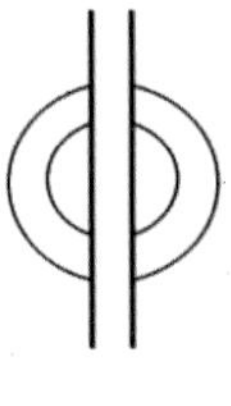	表示分开绘制结构图的两块样板，实际需要拼合的部位，此拼接符号基本都是成对出现的

（2）样板工艺符号，如表 1-10 所示。

表 1-10　样板工艺符号

名称	符号	意义
丝缕符号		表示面料布纹经向的符号
顺向符号		表示面料毛向、花纹顺向的符号
省道符号		表示裁片需要收省的位置及省的样式
褶裥符号		表示裁片有褶裥的部位及褶裥的样式
抽褶符号		表示裁片某部位需要抽褶的符号
归拢符号		表示裁片某部位需要熨烫归缩的符号
拔开符号		表示裁片某部位需要熨烫拔开拉伸的符号
对位符号		表示裁片上需要对位的符号
扣眼位符号		表示裁片纽扣及锁眼位置的符号

4. 制图常用代号

制图常用代号，可以简化制图过程。这些代号通常由英文名词首字母大写组成，形象且便于记忆，如表 1-11 所示。

表 1-11　制图常用代号

人体或服装部位	英文名称	常用代号
前颈点	front neck point	FNP
后颈点	back neck point	BNP
肩颈点	shoulder neck point	SNP
肩点	shoulder point	SP
胸高点（乳突点）	bust point	BP
头围	head size	HS
颈围	neck	N
胸围	bust	B
腰围	waist	W
臀围	hip	H
袖窿长	arm hole	AH
肘围	arm size	AS
肩宽	shoulder width	SW
前胸宽	front width	FW
后背宽	back width	BW
背长	back length	BAL
衣长	length	L
袖长	sleeve length	SL
前中心线	center front line	CFL
后中心线	center back line	CBL
领围线	neck line	NL
胸围线	bust line	BL
乳下围	under bust	UB
腰围线	waist line	WL
中臀线（腹围线）	middle hip line	MHL
臀围线	hip line	HL
肘线	elbow line	EL
膝线	knee line	KL
底摆	hem line	HEM

5. 结构线条

（1）基础线：结构制图过程中使用的纵向和横向的基础线条，如衣长线、胸宽线、背宽线等。

（2）轮廓线：构成辅助部件或者成型辅助的外部造型线条，如领部轮廓线、袖子轮廓线、底边线、烫迹线等。

（3）结构线：引起辅助造型变化的辅助部件外部和内部的缝合线，如止口线、领窝线等。

6. 上衣基本部件名称（图 1-45）

7. 上衣部位线条名称

（1）衣身部位线条名称，如图 1-46 所示

（2）袖领部位线条名称，如图 1-47 所示

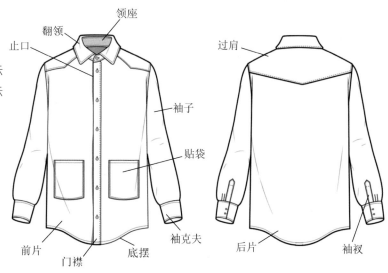

图 1-45 上衣基本部件名称

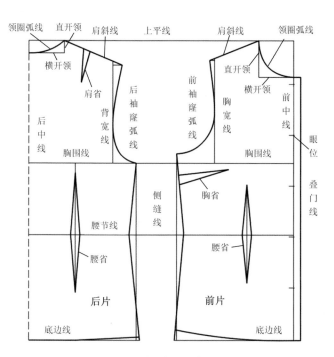

图 1-46 衣身部位线条名称

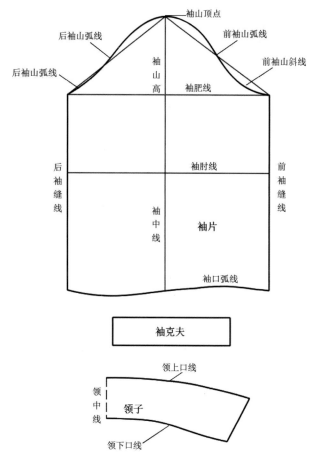

图 1-47 袖领部位线条名称

8. 上衣原型结构设计

上衣原型，是指女装标准基本纸样，包括衣身和袖子两部分。

原型衣身框架结构，如图 1-48 所示。

原型衣身肩颈结构，如图 1-49 所示。

原型衣身袖窿结构，如图 1-50 所示。

原型衣身轮廓结构，如图 1-51 所示。

原型袖子框架结构，如图 1-52 所示。

原型袖子轮廓结构，如图 1-53 所示。

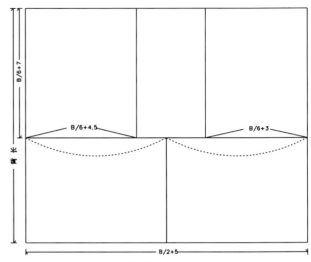

图 1-48　原型衣身框架结构（单位：cm）

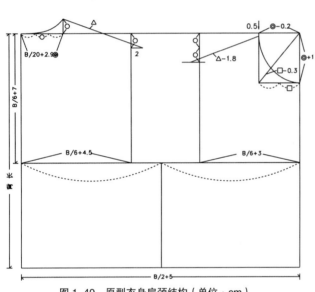

图 1-49　原型衣身肩颈结构（单位：cm）

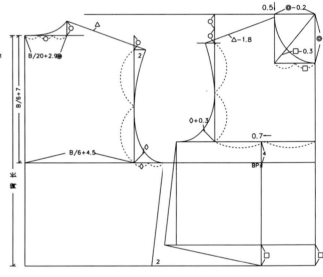

图 1-50　原型衣身袖窿结构（单位：cm）

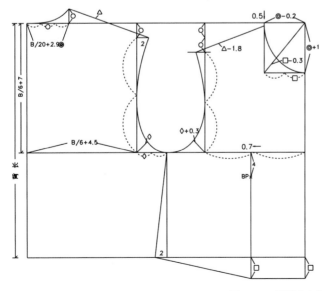

图 1-51　原型衣身轮廓结构（单位：cm）

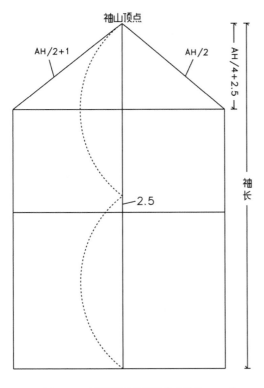

图 1-52　原型袖子框架结构（单位：cm）

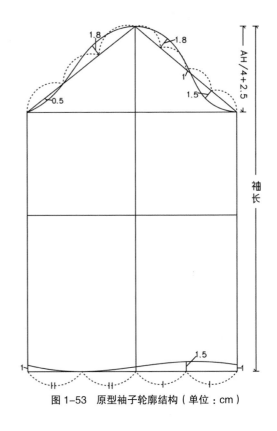

图 1-53　原型袖子轮廓结构（单位：cm）

9. 省道设计与转移

省道是表达人体立体曲面的重要手段，是对服装进行立体造型的一种结构形式。

（1）省道的类型：

①按省道形态可以分为钉子省、锥子省、橄榄省、枣形省等。

②按省道部位可以分为肩省、领省、袖窿省、侧缝省、腰省、门襟省。

（2）省道转移的原理：

全省量由乳突量、前胸腰差及胸部的设计量总和组成。对于前片省道的转移，若是贴体设计，就可以将省道全部转移；若是合体设计或者宽松设计，则是部分转移。传统的胸突省道转移，无非是腰省、侧缝省、袖窿省、肩省、领口省及前中省，如图 1-54 所示。这些省无论如何转移或改变位置，省尖的指向永远是 BP 点。理论上讲，从 BP 点出发，可以设计 360°范围内任何方向的省道，如图 1-55 所示。由此可见，省道的设计可以有无数选择。

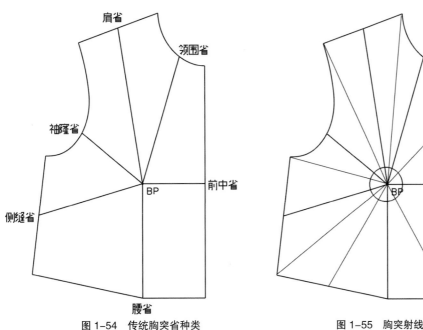

图 1-54　传统胸突省种类　　　　　图 1-55　胸突射线

（3）常见的胸突省转移：

转为侧缝省，如图 1-56 所示。

转为袖窿省，如图 1-57 所示。

转为肩省，如图 1-58 所示。

转为领围省，如图 1-59 所示。

转为前中省，如图 1-60 所示。

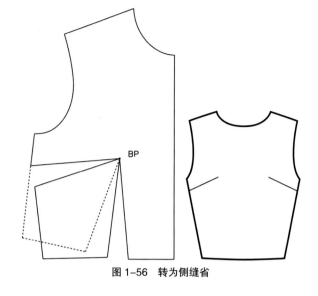

图 1-56　转为侧缝省

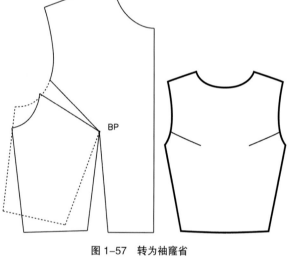

图 1-57　转为袖窿省

图 1-58　转为肩省

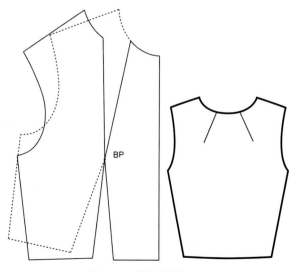

图 1-59　转为领围省

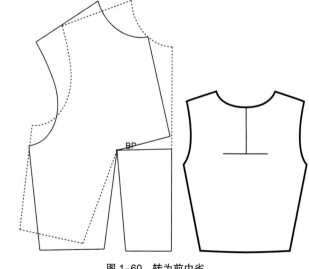

图 1-60　转为前中省

二、常规基础女衬衫样板制作

样板是指将结构设计图的轮廓线复制到另外的纸上，并进行放缝处理及丝缕属性标注后，剪下来使用的纸样。

1. 检验纸样

为了减少后期样板制作、面辅料裁配及工艺制作的返工，我们需要严格检验纸样。检验纸样是确保产品质量的重要手段之一。

（1）检查各缝份的长度；

（2）检查对位记号的标注；

（3）检查经向丝缕符号的标注；

（4）检查工艺符号的标注，如款式名称、规格尺寸、裁片名称、材料名称及裁片数量等。

2. 放缝处理

对检验好的纸样进行放缝处理。

（1）底边放缝2cm；

（2）侧缝、袖窿、肩缝、领围、挂面、袖山弧线、袖底缝、袖口、袖克夫、袖衩、领面、领里等均放缝1cm。

3. 常规基础女衬衫放缝图（图1-61）

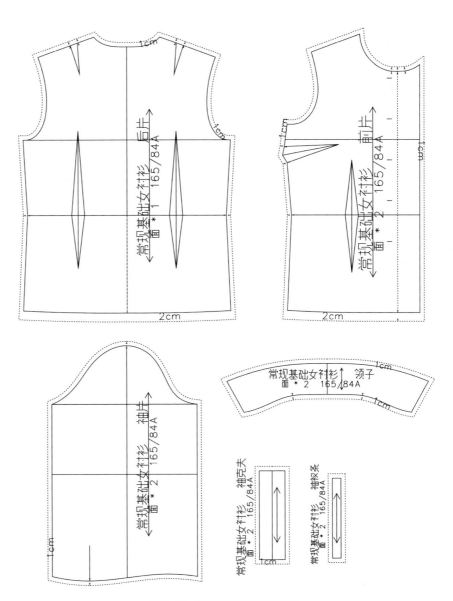

图1-61　常规基础女衬衫放缝图

知识拓展

想一想：

常用的服装样板有哪些？

人们通常将样板分为裁剪样板和工艺样板，裁剪样板又分为面料样板、里料样板、衬料样板等，工艺样板又分为定位样板、修正样板等。

活动三
常规基础女衬衫面辅料裁配

常规基础女衬衫制作之前，张某某需要完成其面辅料的准备工作，其中包括面料、衬料的排料、裁剪及辅料的准备。

一、常规基础女衬衫面料排料

常规基础女衬衫排料图，如图1-62所示。

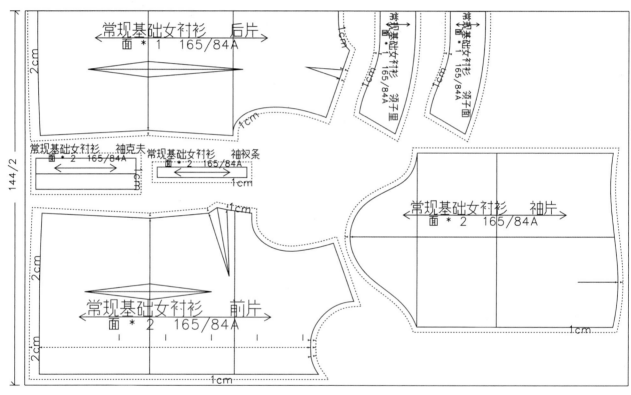

图1-62　常规基础女衬衫排料图（144cm门幅）

二、常规基础女衬衫面料裁配

1. 面料的裁片

（1）前衣片×2；

（2）后衣片×1（连裁）；

（3）袖片×2；

（4）领面×1；

（5）领底×1；

（6）袖克夫×2；

（7）袖衩条×2。

2. 衬料的裁片

（1）领面纸衬×1；

（2）袖克夫纸衬×2；

（3）挂面纸衬×2。

三、常规基础女衬衫辅料准备

（1）纽扣 7 颗：门襟 5 颗，袖克夫各 1 颗。

（2）配色线 1 卷。

知识拓展

想一想：

1.什么是排料？

2.排料有什么要求？

3.为什么要熨烫，熨烫的作用有哪些？

4.常见的熨烫分类有哪些？

5.常用的熨烫工具有哪些？

6.影响熨烫效果的基本要素有哪些？

1. 服装排料的概念

服装排料是指服装生产中铺料开裁前的准备工序。将服装样板按省料、合理的原则进行套排。

2. 服装排料的规律

（1）先大后小，先主后次。

（2）平直对平直、凹形对凸形、纬向填满、经向缩短。

（3）排料时应使衣片丝缕保持顺直，不能片面追求省料而将衣片丝缕歪斜放置或随意拼接。

（4）特殊面料要求：

① 有条格的衣料必须对条对格；

② 毛绒织物要注意倒顺毛，所有衣片按全部顺毛或倒毛进行排料；

③ 衣料上有倒顺图案时，必须全部正置。

3. 熨烫的作用

服装要表现人体的曲线美，熨烫塑型工艺起到很重要的作用，它不仅能保证服装缝制的质量，更能体现服装外观造型的工艺效果。

熨烫塑型在服装加工过程中的主要作用有以下几个：

（1）通过蒸汽熨烫可以使面料起到热缩的作用。

（2）通过熨烫消除面料褶皱痕迹，防止面料丝缕不正。

（3）通过熨烫，可以使服装外形平整，褶裥和线条定型。

（4）利用织物纤维的膨胀、拉伸、收缩等可塑性，通过运用归拔等熨烫技术，使服装立体造型更美观，更适合人体穿着。

4. 熨烫的分类

（1）根据制作工艺流程分类，可以分为产前熨烫、粘合熨烫、中间熨烫和成品熨烫。

（2）根据定型效果维持时长分类，可分为暂时性定型熨烫、半永久性定型熨烫和永久性定型熨烫。

（3）根据操作方式分类，可分为手工熨烫和机械熨烫。

5. 熨烫的工具

常见的手工熨烫工具有电熨斗、烫台、烫凳、烫枕、烫垫、烫布、喷水壶等。

机械熨烫主要采用蒸汽熨烫机。

6. 熨烫的要素

（1）温度：

通过高温使织物纤维分子结构变得不稳定，从而使织物变得柔软，有较好的可塑性，更容易熨烫定型。熨烫温度的高低取决于织物纤维的品种，如常用电熨斗上的温度控制档位，从高到低（温度）的顺序排列，依次是麻、棉、毛、丝、尼龙。

（2）湿度：

熨烫过程中喷蒸汽的作用即加湿，加湿的作用是使织物纤维湿润、膨胀，从而产生伸展性。潮湿状态下，水分子进入织物纤维，使纤维分子间的结合状态有所改变，从而增加了织物纤维的可塑性。同时，湿度可以很大程度地减少熨烫过程中的极光现象。

（3）压力：

熨烫压力也是必不可缺的条件。对面料施加一定的压力，当其超过织物纤维的屈服应力点时，可以使纤维分子产生移位，从而使织物发生变形。

（4）时间：

由于织物的导热性能差，因此熨烫过程都有一个时间要求，才能达到熨烫定型的目的。

（5）冷却方式：

熨烫定型都不是在加热过程中实现的，而是在冷却中实现的。根据织物纤维不同的性能和不同的熨烫方式，冷却方式也不同，常见的有自然冷却、冷压冷却和抽湿冷却等。

不同材质、不同厚度的织物，熨烫的各要素都是适宜为主，千万要注意过犹不及。

活动四
常规基础女衬衫缝制工艺

想一想：

　　张某某完成常规基础女衬衫面辅料裁配后，按照任务单的要求，为使其工艺缝制有序进行，在缝制前他将合理安排各个缝制工序的顺序，尽可能使工序前后衔接良好，提高常规基础女衬衫的工艺缝制效率。大家思考下，张某某如何安排会比较合理呢？

一、常规基础女衬衫缝制工艺流程

　　整理裁片并烫粘合衬→作缝制标记→烫门里襟挂面、缝缉挂面→前后片收省、烫省→缝缉肩缝→做领子→绱领子→做袖子（包含做袖衩）→绱袖子→缝缉侧缝和袖底缝→做袖克夫→绱袖克夫→做底边→锁眼钉扣→整烫→质检，详细工艺流程图如图1-63所示。

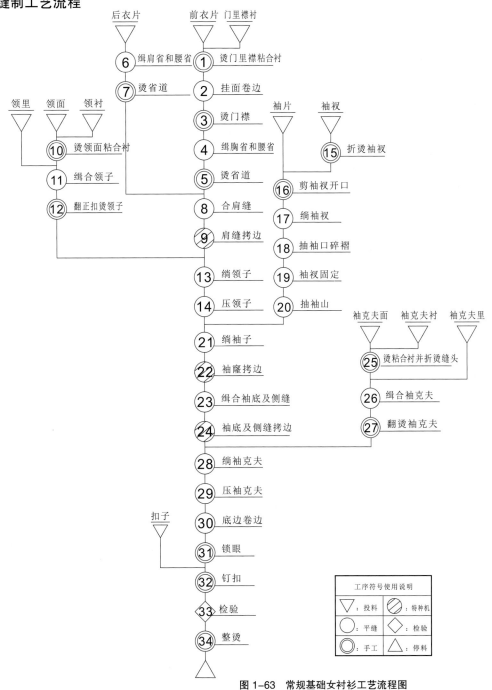

图 1-63　常规基础女衬衫工艺流程图

1. 工艺流程图概念

工艺流程图，又称工序图，是指成品服装从裁片到制作完成的整个过程表述图。服装工艺流程图以服装产品为对象，把制作的工艺顺序、加工类型、加工内容、裁片名称等用图示的方法明确地表述出来。若在成衣生产过程中，工艺流程图另需表述加工时间、加工设备等信息，以便更好地安排缝制流水线。

2. 工序概念

工序是指生产流水线分工上的单元，可以细分到不可细分的环节，如拼缝、烫袖克夫等；也可以是单元划分，如做口袋、做领子等。

3. 划分工序的目的

（1）提高生产效率。

（2）合理整合资源，减少不必要的浪费。

（3）降低各项支出成本。

（4）保证产品质量的统一。

4. 工艺流程图的表示 （表1-12）

表1-12　工序符号使用说明及工艺流程表示　　　　　　　　　单位：cm

符　号	说　明	图　示
 ▽	每个进入工艺流程的材料	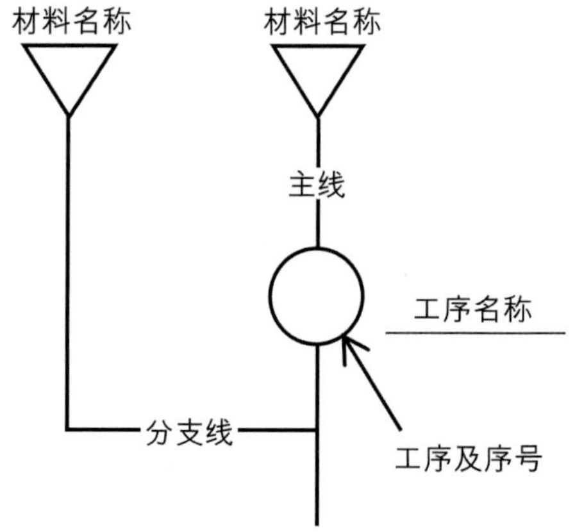
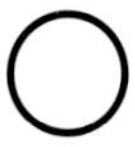 ○	常规缝制工序，如平缝等	
 ◎	辅助工序，如熨烫、手工缝等	
 ⊘	特种工序，如包缝、钉扣、锁眼等	
 ◇	检验和验收	
 △	工艺流程停滞或完成	

想一想：

张某某开始进行常规基础女衬衫的缝制前，我们一起帮他想一想，是否需要进行机针选择及针迹调试？

1. 针线的选用

机针型号规格有 9 号、11 号、14 号、16 号、18 号，号码越小则针越细，号码越大则针越粗。机针的选择原则是缝料越厚越硬，机针越粗；衣料越薄越软，机针越细，如表 1-13 所示。缝线的选用在原则上同机针一样。

表 1-13 机针型号与用途

机针型号	9	11	14	16	18
用 途	薄料	丝绸料	中厚料棉	厚料	牛仔及粗呢

2. 针迹、针距的调节

针迹清晰、整齐，针距密度合适，都是衡量缝纫质量的重要标准。针迹的调节由调节装置控制，往左旋转针迹长，往右旋转针迹短（密）。针迹调节也必须按衣料的厚薄、松紧、软硬合理进行。缝薄、松、软的衣料时，底、面线都应适当地放松，压脚压力送布牙也应适当放低，这样可避免皱缩现象。缝表面起绒的面料时，为使线迹清晰，可以略将面线放松，卷缉贴边时，因反缉可将底线略放松。

机缝前必须先将针距调好。缝纫针距要适当。针距过稀不美观，而且影响牢度。针距过密也不好看，而且易损衣料。一般情况下，薄料、精纺料 3cm 长度缝 14~18 针，厚料、粗纺料 3cm 长度缝 8~12 针。

二、常规基础女衬衫缝制工艺步骤（表 1-14）

表 1-14 常规基础女衬衫缝制工艺

序号	工艺缝制图示	工序	工艺描述 / 重难点	设备
1		烫粘合衬	领面、挂面、袖克夫面，烫无纺粘合衬。 注意粘合衬熨烫过程中，熨斗温度适宜，且粘合衬不得大于裁片，防止粘合衬烫到熨斗或者烫到烫台上从而影响设备安全。	熨斗

序号	工艺缝制图示	工序	工艺描述 / 重难点	设备
2	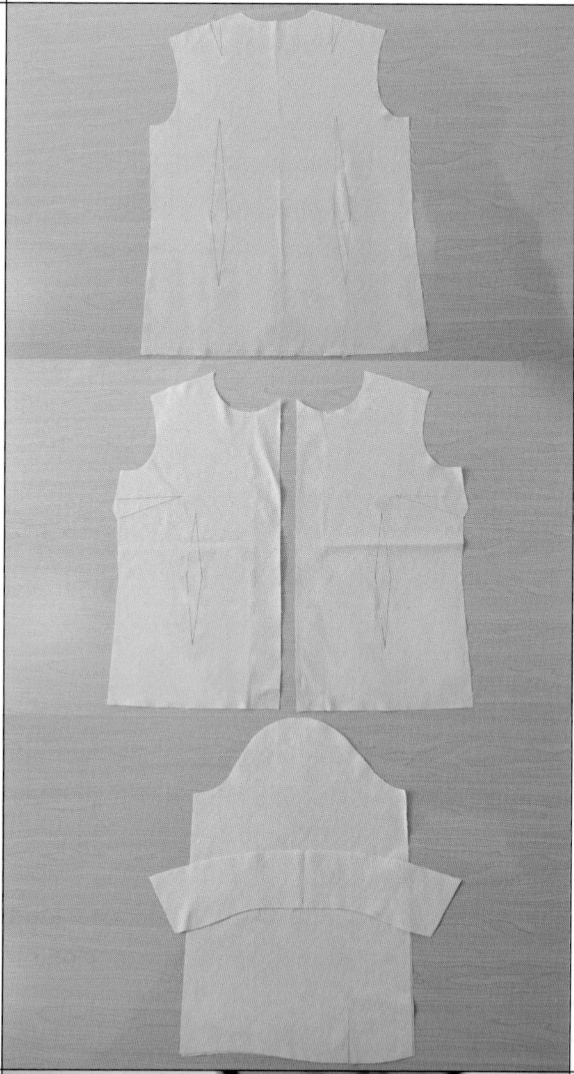	作缝制标记	根据样板要求，对省道进行标记，同时完成各对位记号的标记。 前衣片：胸省、腰省、挂面、叠门宽、装领位等。 后衣片：肩省、腰省、后领中对刀眼等。 袖片：袖山顶点对刀眼、袖衩位等。 领：后领中及肩对刀眼等。 由于衬衫可用不同面料制作，因此根据实际情况，可选择剪刀眼（注意刀眼深度不可超过0.5cm）、画线（不可用水笔等难以消除痕迹的材质画线）、打线钉等不同方式作缝制标记。	工艺样板及定位板
3		门襟工艺	挂面采用0.5cm宽的卷边工艺，缉线顺直。 注意卷边线迹的松紧，不可有起吊等不良现象。	平缝机
4		门襟熨烫工艺	根据挂面的对位刀眼，折烫门襟挂面，使门襟平整美观。 注意左右衣片挂面宽窄一致，门襟顺直。	熨斗

序号	工艺缝制图示	工序	工艺描述／重难点	设备
5	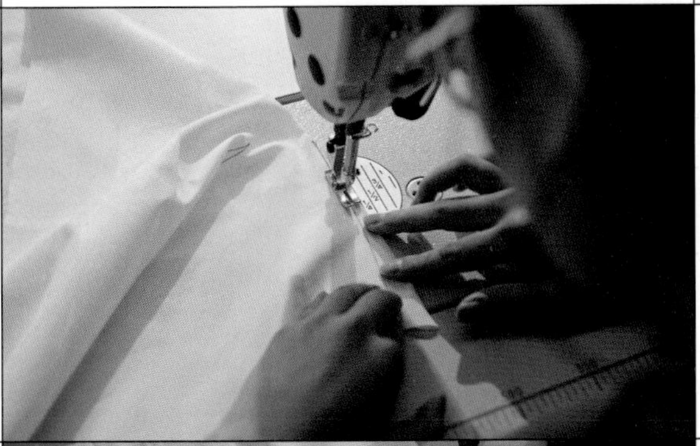	省道缉缝工艺	缉缝胸省、前后腰省及肩省。根据省位划线，将衣片正面对折，缉缝省道时，注意省尖要缉尖。省尖留 4~5cm 线头，不可回针，线头打结后剪短处理。 缉线顺直，且左右省对称，大小和长短一致。	平缝机
6		省道熨烫工艺	腰省及肩省的省道量向衣片中心烫倒、烫平伏，胸省量向上烫倒、烫平伏。 注意熨烫过程中省量的倒向，不可出现烫黄、烫焦、烫起光等不良现象。	熨斗
7	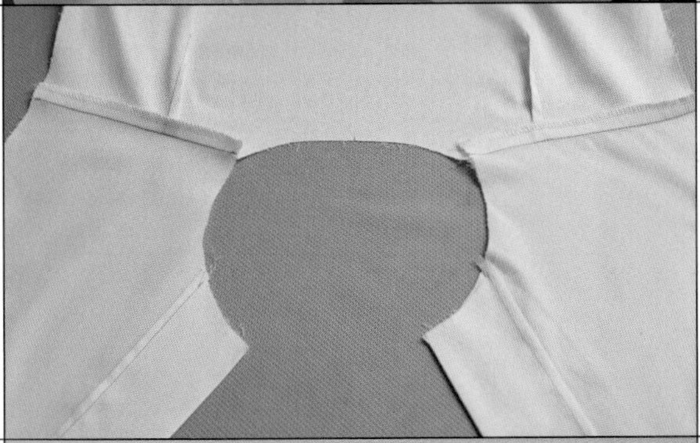	肩缝缉合工艺	缉合前后肩缝，将前后小肩正面相对，以缝份 1cm 宽缉合。缉合后，前片在上，缝份拷边向后向后片烫倒。 注意小肩缉合时，需要将后小肩多出的 0.5cm 左右容缩，保证前后小肩宽度一致。	平缝机及拷边机
8	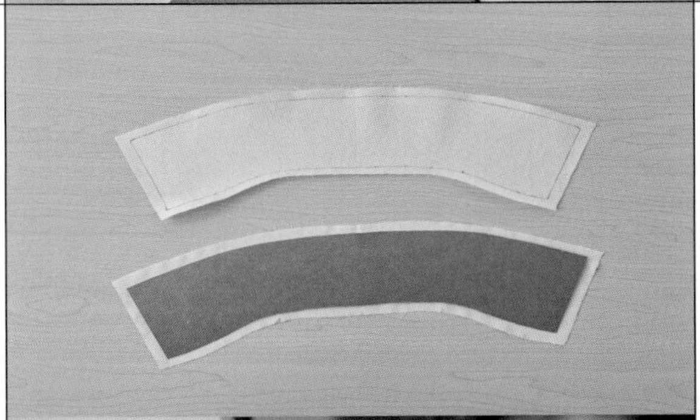 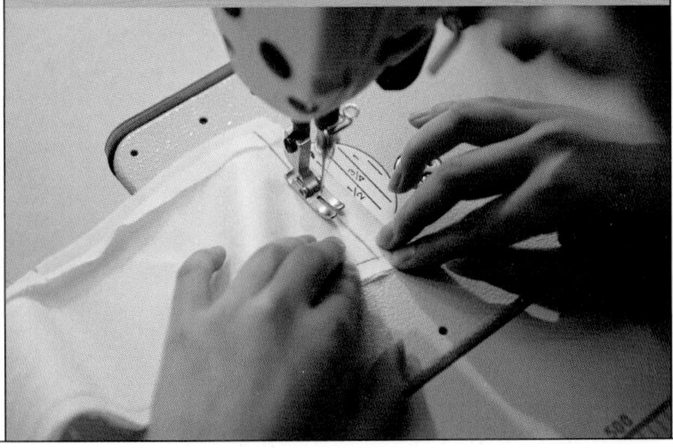 翻领工艺	做领工艺	按净样画领净缝线。 将领面和领里正面相对，按 1cm 净缝线缉合，领面领角处略微归拢，使领角有窝势（为方便领角翻正，可带线）。 修剪缝头，领里缝头坐倒烫平伏，使得领面和领里缝头分开。领角折尖，两角对称一致。	平缝机与熨斗

序号	工艺缝制图示	工序	工艺描述／重难点	设备
	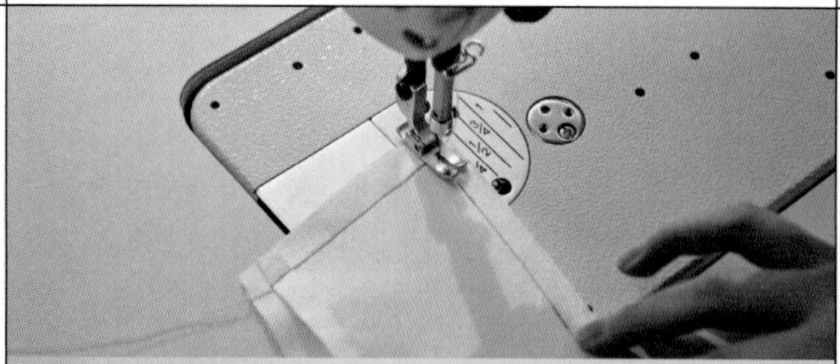 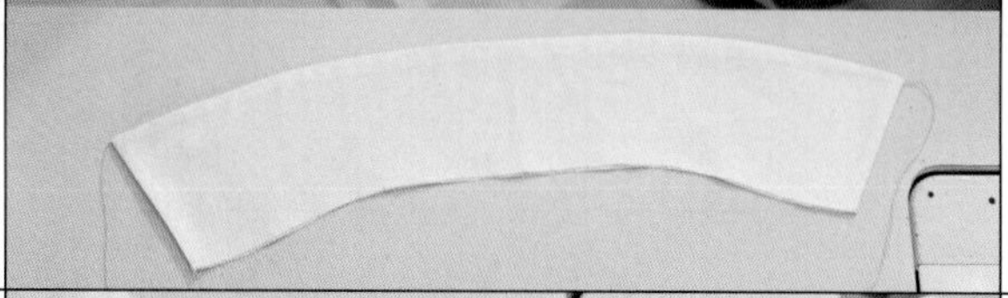		领面压领，缝头根据对位记号先剪开刀眼后再折转烫倒。 翻出领角，要翻足，烫出里外匀，领里不可外露，熨烫过程中注意不可烫黄、烫焦。	
9	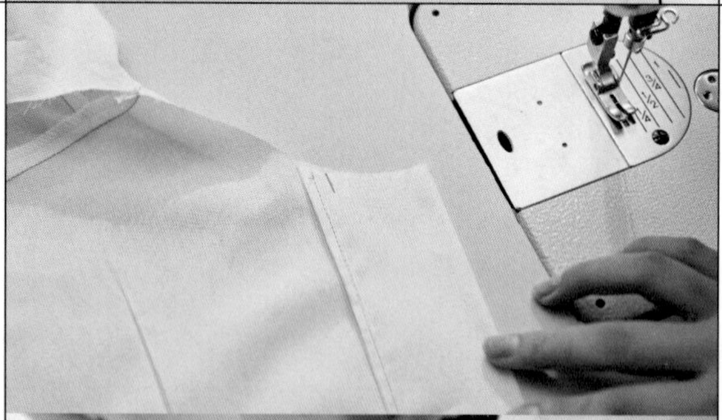  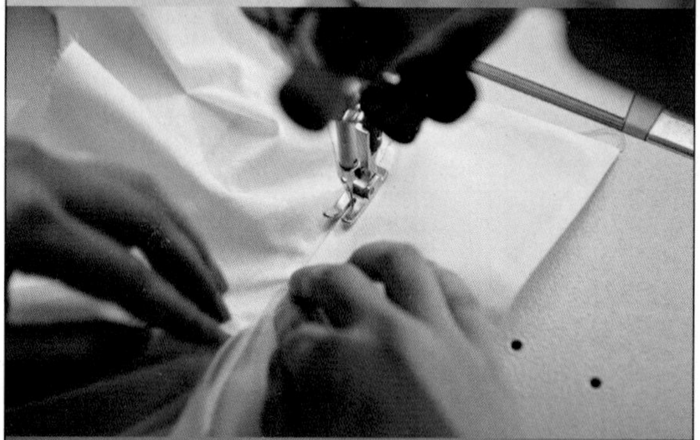 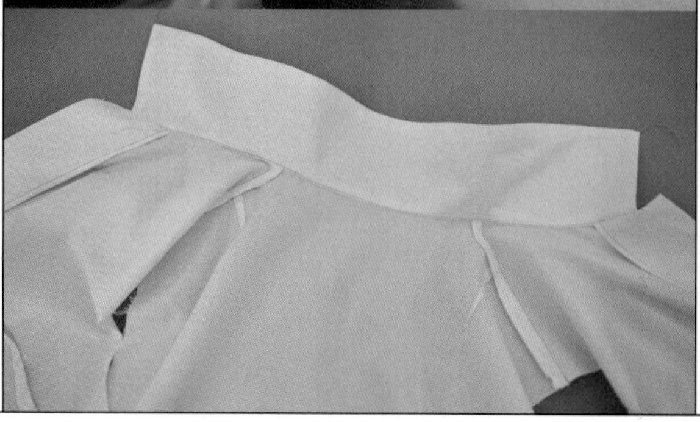	绱领工艺	绱领：把挂面按止口折转，领头夹中间，对准叠门刀眼，领角与领圈缝头对齐，从左襟开始缝0.6cm，绱至距离挂面里口1cm处，上下五层剪刀眼，刀眼的深度不可超过0.6cm，不要剪断线，然后把挂面和领面翻起，领里和领圈要平齐，继续绱线，领圈不能绱还或归拢，如领子略大于领圈，只需在领圈直丝处稍稍拉伸，但斜丝处不能拉伸。 压领：先把挂面翻正，叠门翻出，领面下口扣转0.6cm，扣光后的领面盖过第一道绱领绱线，注意领面要有里外匀窝势，从刀眼部位开始绱线，不要绱牢领里，绱线时要拉紧下层，推送上层，使上下保持松紧一致，左右肩缝和背中线不能偏，防止领面不平或起涟。	平缝机

序号	工艺缝制图示	工序	工艺描述／重难点	设备
10	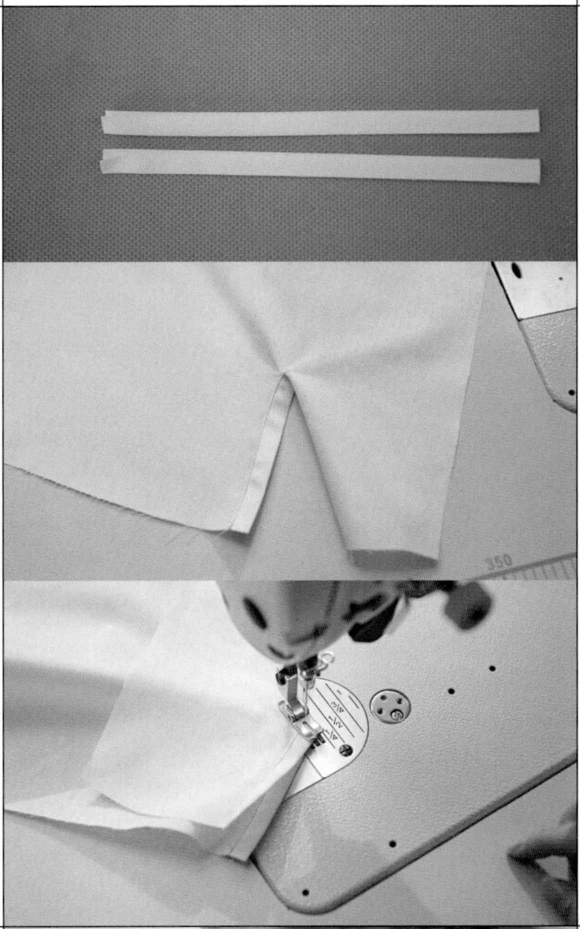	袖衩工艺	缉袖衩：扣烫袖衩，将袖衩一侧的缝份扣净，再用另一侧的缝份将其包住扣烫。这样使衩里比衩面略宽出 0.05~0.1cm。 装袖衩：将袖衩口夹进按开衩位剪开的袖衩口，在正面压缉 0.1cm 宽的明线。 封袖衩：袖衩正面对折，使袖口平齐，袖衩摆平，袖衩转弯处向袖衩外斜下 1cm，缉三道来回针，又称缝袖衩顶端三角。 **直袖衩工艺**	熨斗及平缝机
11		做袖工艺	在袖山头抽线，将吃势烫均匀。 ①用较稀针距在需要抽线的部位沿边缉线，缉线不要超过缝头，因此缉线一般不拆掉。 ②在袖山头抽线。一般薄料的袖山头不用抽线，厚料的袖山头采用抽线。在袖山头刀眼附近一段横丝缕处少抽些，斜丝缕部位抽拢稍多些，袖山头向下一段少抽些，袖底部位可不抽线。 ③在缉线的同时，可以用右手食指抵住压脚后端的袖片，使之形成袖山头吃势，再根据需要用手调节各部位的吃势量。 **绱袖工艺**	平缝机

序号	工艺缝制图示	工序	工艺描述 / 重难点	设备
12	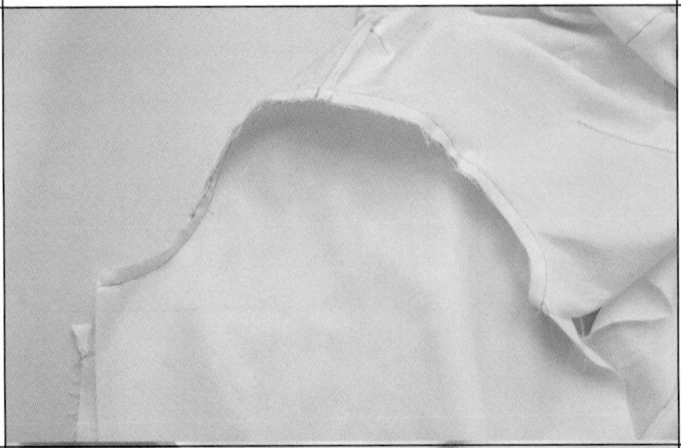	绱袖工艺	将袖子放下层，大身放上层（也可以袖子放上层，大身放下层，便于掌握袖子吃势），正面相叠，使袖窿与袖子放齐。将袖山头刀眼对准肩缝，肩缝朝后身烫倒，缉1cm宽的单线，然后拷边。	平缝机及拷边机
13	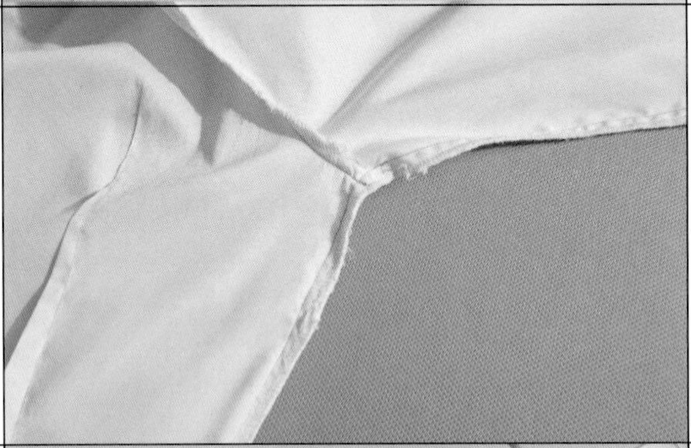	侧缝和袖底缝缉合工艺	缝合侧缝与袖底缝。将前衣片放上层，后衣片放下层，右衣身从袖口向下摆方向缝合，左衣身从下摆向袖口方向缝合，袖底十字缝要对齐，上下层松紧要一致，然后拷边。	平缝机及拷边机
14		做袖克夫工艺	将袖克夫面一边折烫1cm，面里正面相对，三边缉1cm宽的单缝线。 　　烫好三边缝份后，翻出烫平，袖克夫里比袖克夫面多放出1cm缝份。	平缝机
15		袖头碎褶工艺	袖口均匀抽褶。抽褶后，袖口尺寸与袖克夫尺寸一致。 　　为便于袖口尺寸的固定，袖口抽褶可用双线抽裥。袖口小碎褶抽褶，要求褶皱均匀美观。 碎褶袖克夫工艺	平缝机

序号	工艺缝制图示	工序	工艺描述 / 重难点	设备
16	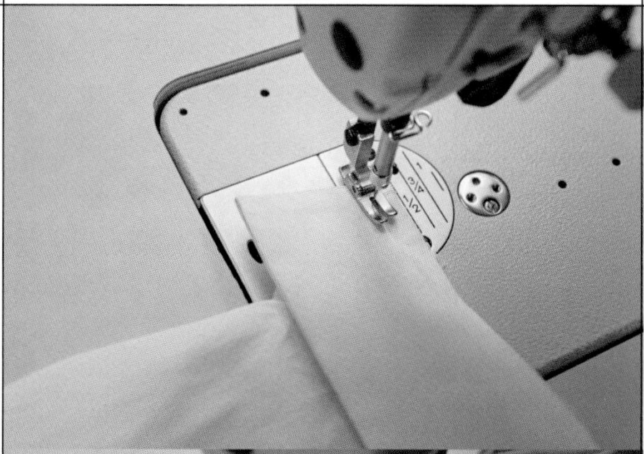  	绱袖克夫工艺	袖衩门襟要折转,袖片的袖口大小与袖克夫长短一致。 袖克夫里的正面与袖片袖口反面相叠,袖口放齐,缉1cm宽缝份。注意袖衩两头必须与袖克夫两头放齐。 翻正袖克夫,在面止口缉0.1cm宽的单线。	平缝机
17	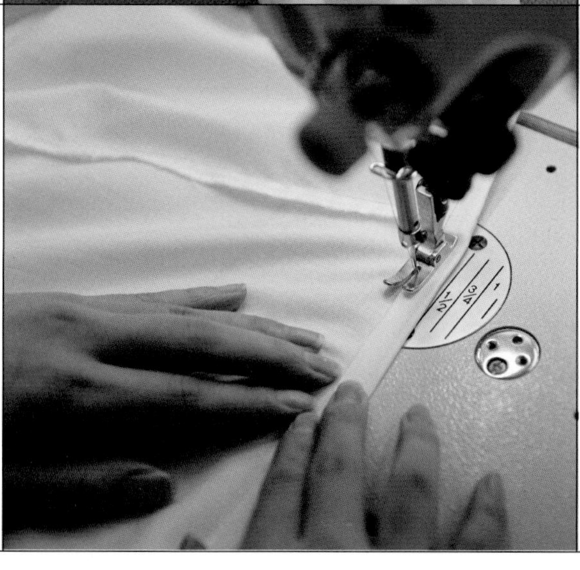	底边工艺	缉底边,底边卷边工艺,整体1cm卷边,止口缉0.1cm宽的单线。	平缝机

序号	工艺缝制图示	工序	工艺描述／重难点	设备
18		锁眼钉扣工艺	锁眼：在门襟处锁五个横扣眼。扣眼进出位置在搭门线向止口偏0.2 cm，扣眼大小根据纽扣大小加纽扣厚度确定，一般为1~1.2 cm。 钉扣：根据锁眼位钉扣。	手缝针
19	 	整烫工艺	①熨烫前均匀喷水，若有污渍，要先洗干净。 ②先熨烫门里襟挂面。 ③熨烫衣袖、袖克夫，袖口有褶裥，要将褶裥理齐。压烫有细裥则要将细裥放均匀，要烫平，然后再烫袖底缝。烫袖克夫时要用手拉住袖克夫边，用熨斗横向推烫。 ④熨烫领子。先烫领里，再烫领面，然后将衣领翻折好，烫成圆弧状。 ⑤熨烫侧缝、下摆和后衣片。 ⑥扣好衣服扣子，放平，烫平左、右衣片。	熨斗

  1.常见的粘合衬种类有哪些？

  2.如何使用粘合衬？

  3.粘合衬使用过程中常见的问题及解决办法有哪些？

1. 粘合衬的种类

  粘合衬分为有纺衬和无纺衬。

  有纺衬是指在织造后的基底布上通过专业设备均匀地分布一层热熔胶形成的衬，根据基布织造方式不同，又可细分为梭织和针织有纺衬两类。

  无纺衬是指在非织造的基底布上通过专业设备均匀地分布一层热熔胶形成的衬，热熔胶有不同的形态，常见的有颗粒状、条状、网状、粉状等。热熔胶厚度和基布单位面积质量有关。

  关于粘合衬的选用，原则上首先要与面料厚薄相适宜且手感及风格相近；其次要与面料颜色相配；再次要适应面料的耐热程度和缩水率；最后要性价比相当。

2. 粘合衬使用的三要素

  （1）温度：

  适合的温度可以使黏合达到最佳效果。温度过高，容易破坏热熔胶且累及面料；温度若太低，则黏合效果不佳，容易脱胶。

  （2）压力：

  正确的压力可以使粘合衬与面料紧密贴合，使热熔胶均匀地渗入到面料纤维内部，以便达到最佳黏合效果。

  （3）时间：

  合理的时间才能让粘合衬上的热熔胶发挥作用。时间过长，容易烫过；时间不够，黏合牢度不够。

  总之，为了更好地使用粘合衬，我们应该用小样试用，以便观察粘合衬效果。

3. 粘合衬使用过程中经常出现的问题及解决方案

  （1）衣片正面渗胶：

  说明黏合过程压力过大和温度过高；或者面料太薄、黏合选择不合理；或者粘合衬热熔胶量太多。遇到这类情况，可以降低温度、压力；选用适合面料的粘合衬；选择热熔胶量少的粘合衬。

  （2）衣片正面看得到粘合衬痕迹：

  说明面料和粘合衬两者厚度不匹配，面料太薄，粘合衬太厚。应选择适应面料厚度的粘合衬，若面料太透，则不建议使用局部粘合衬。

  （3）面料正面起泡：

  说明粘合衬热缩率大于面料；热熔胶分布不均匀，部分地方无胶；起泡部位漏烫；黏合后未冷却就移动衣片。遇到这类情况，改用热缩率和面料相当的粘合衬；改用质量好的粘合衬；不漏烫；面料冷却后再移动衣片。

  （4）脱胶：

  说明热熔胶的量不够，黏合不牢固；重复烫粘合衬；温度过高导致热缩率过大。遇到这类情况，需要使用质量好的粘合衬；尽量不重复烫粘合衬；控制温度，加大压力和时间，使得粘合衬与衣片紧密结合。

活动五

常规基础女衬衫评价标准

常规基础女衬衫总体评价要求：

1. 常规基础女衬衫成品尺寸符合规格尺寸要求。

2. 领头、领角长短一致，装领左右对称，领面有窝势，面、里松紧适宜。

3. 腰省左右对称，长短一致，缉线平顺。

4. 一片袖装袖层势均匀，两袖长短一致且前后对准、对称，袖口细褶均匀。

5. 门襟里襟长短一致，不起吊，扣眼均匀美观。

6. 底边宽窄一致，缉线顺直。

一、自评及小组互评表（表1-15）

表1-15　自评及小组互评表

序号	评价内容	评价等级				自评	小组互评					
		优	良	中	差		1	2	3	4	5	6
1	遵守考勤制度，无迟到、早退、旷课现象	10	8	6	4							
2	认真自觉完成课前学习任务，理解并掌握知识点	10	8	6	4							
3	能分析理解任务书的内容与要求，明确任务	10	8	6	4							
4	遵守课堂纪律，认真学习	10	8	6	4							
5	能明确和承担自己的分工，并认真完成	10	8	6	4							
6	认真参与小组交流，能表达自己的观点，认真听取他人意见	10	8	6	4							
7	积极合作，与成员配合共同解决问题，具有团队意识	10	8	6	4							
8	积极参与完成学习任务，能主动帮助他人	10	8	6	4							
9	能按时完成学习任务	10	8	6	4							
10	样板制图准确度高，展示效果好	10	8	6	4							

二、企业专家评价表（表1-16）

表1-16 企业专家评价表

序号	评价内容	分值	专家评分	专家评价
1	样板制图规范准确，设计尺寸合理，符合成品尺寸	30		
2	成品样板标注正确，对位记号、丝缕标记无缺漏	10		
3	样衣准确表达设计款式图的成衣着装效果	20		
4	成品样板符合行业标准，可以投入生产实际	20		
5	学生思路清晰，准备充分，能有效沟通交流	20		

三、教师评价表（表1-17）

表1-17 教师评价表

序号	评价内容	评价等级				教师评分
		优	良	中	差	
1	遵守考勤制度，遵守课堂纪律	10	8	6	4	
2	准备充分，完成课前学习任务	10	8	6	4	
3	分工合理明确，自觉主动承担分工	10	8	6	4	
4	理解并掌握本次课的知识点，并能应用	10	8	6	4	
5	样板制图规范准确，设计尺寸合理，符合成品尺寸	10	8	6	4	
6	样衣准确反映设计款式图的成衣着装效果	10	8	6	4	
7	按时完成学习任务	10	8	6	4	
8	小组协作性强，效率高	10	8	6	4	
9	自主性强，具备分析问题、解决问题的能力	10	8	6	4	
10	发言清晰，语言组织得当，汇报展示效果好	10	8	6	4	

活动六
常规基础女衬衫拓展训练

张某某完成常规基础女衬衫制作任务后，老师表示从款式分析到制板及工艺都较好，因此布置了拓展款练习，我们和张某某一起根据学习的内容来完成拓展款的训练。

表 1-18　常规女衬衫拓展款制作任务书 单位：cm

款式名称	常规女衬衫拓展款	款式编号		2032S2002			
规格尺寸	165/84A	责任人		张某某			
款式描述			**款式图**				
常规女衬衫拓展款为合体型款式；小圆领；长袖，袖口开直衩，抽褶，绱直角袖克夫；门襟5颗纽扣；前后片有肩省，腰省到底摆；平底摆							
规格尺寸							
成品规格	后中长（BCL）	背长（BAL）	胸围（B）	腰围（W）	肩宽（SW）	领围（N）	袖长（SL）	袖克夫（宽/高）
165/84A	60	38	96	82	40	40	56	20/3
测量（成衣）	后中度	后中度	夹下2.5折起度	腰节处折起度	平度	领展开度	肩点度下	展开度
面辅料								
面料：纯色全棉府绸 辅料：无纺衬，7颗纽扣（门襟5颗，左右袖口各1颗），配色线等								
设计：		制板：		样衣：		复核：		

拓展训练要求

1. 完成1:5结构小图绘制。

2. 完成1:1结构图及样板制作。

3. 完成拓展款的工艺训练。

任务二
都市立领女衬衫制作

学习内容

◆ 都市立领女衬衫款式及规格设置

◆ 都市立领女衬衫样板制作

◆ 都市立领女衬衫面辅料裁配

◆ 都市立领女衬衫缝制工艺

学习时间

◆ 40课时

知识目标

◆ 掌握都市立领女衬衫款式分析的能力

◆ 掌握都市立领女衬衫规格设置的方式方法

◆ 掌握都市立领女衬衫结构设计及样板制作的方式方法

◆ 掌握都市立领女衬衫缝制工艺的方式方法

能力目标

◆ 学生能够独立分析都市立领女衬衫制作任务书，拆解、细分任务，完成都市立领女衬衫样衣的制作

情感目标

◆ 培养学生的观察分析能力

◆ 培养学生学习的主动意识

◆ 使学生养成良好的学习习惯

案例导入

张某某完成常规基础女衬衫的试制后，将继续根据几个典型风格款式特点着手，进行更多女衬衫款式的试制，并对其进行自评。

表 2-1 都市立领女衬衫制作任务书

单位：cm

款式名称	都市立领女衬衫	款式编号		2032S2003			
规格尺寸	165/84A	责任人		张某某			
款式描述			**款式图**				
都市立领女衬衫为合体型款式；立领，领口 1 颗纽扣；短袖，袖口拼接袖克夫；门襟 5 颗纽扣；前后片公主线分割；下摆弧线设计							
规格尺寸							
成品规格	后中长（BCL）	背长（BAL）	胸围（B）	腰围（W）	肩宽（SW）	领围（N）	袖长（SL）	袖贴边（宽）
165/84A	62	38	94	78	38	38	25	3
测量（成衣）	后中度	后中度	夹下 2.5 折起度	后中下 38 折起度	平度	领展开度	肩点度下	
面辅料								
面料：纯色全棉府绸								
辅料：无纺衬，6 颗纽扣（门襟 5 颗，领 1 颗），配色线等								
设计：		制板：		样衣：		复核：		

活动一
都市立领女衬衫款式和规格设置

想一想：

张某某根据都市立领女衬衫的任务书（表2-1），需要先对都市立领女衬衫的款式进行深入分析，我们帮张某某想一想从哪些方面入手分析款式会比较好呢？

一、都市立领女衬衫款式分析〔图2-1〕

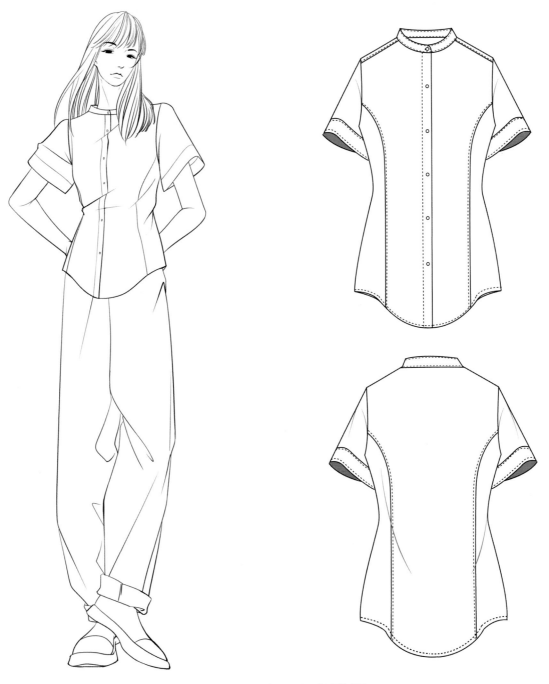

图 2-1　都市立领女衬衫效果图及正背面款式图

都市立领女衬衫款式图分析

（1）都市立领女衬衫为合体型款式。

（2）领子：立领，横开扣眼，1颗纽扣。

（3）袖子：短袖，袖口贴边。

（4）门襟：门襟5颗纽扣，直开扣眼。

（5）衣片：前后片公主缝份割线收省。

（6）底边：弧线造型设计。

二、都市立领女衬衫规格设计（表2-2、表2-3）

想一想：

张某某完成都市立领女衬衫的款式分析后，准备开始结构设计，但是在结构设计前，他需要认真研究规格尺寸。

我们帮张某某比较下，都市立领女衬衫的规格尺寸和常规基础女衬衫的哪些部位有区别，且对结构设计是否有影响？再想一想，会有哪些影响？

表2-2 都市立领女衬衫规格尺寸表　　　　　单位：cm

款式名称	都市立领女衬衫			款式编号		2032S2003		
部位	后中长（BCL）	背长（BAL）	胸围（B）	腰围（W）	肩宽（SW）	领围（N）	袖长（SL）	袖贴边（宽）
净尺寸		38	84	66	40	36		
成品尺寸	62	38	94	78	38	38	25	3

表2-3 都市立领女衬衫系列规格参考表　　　　　单位：cm

部位	型号				
	155/76A	160/80A	165/84A	170/88A	175/92A
后中长	59	60.5	62	63.5	65
背长	36	37	38	39	40
胸围	86	90	94	98	102
腰围	72	76	80	84	88
肩宽	36	37	38	39	40
领围	38	39	40	41	42

活动二
都市立领女衬衫样板制作

接下来张某某开始进行都市立领女衬衫的结构设计及样板制作，为之后的样衣缝制做好准备。

一、都市立领女衬衫结构制图

1. **衣身原型转省**〔图2-2〕
2. **衣身结构设计**〔图2-3〕
3. **领子结构设计**〔图2-4〕
4. **袖子结构设计**〔图2-5〕

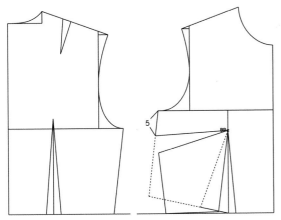

图2-2　都市立领女衬衫衣身原型转省

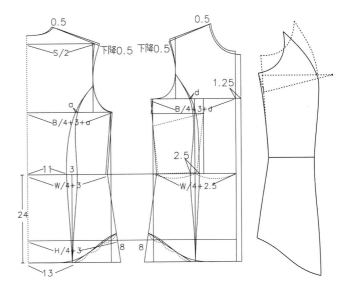

图2-3　都市立领女衬衫衣身结构设计（单位：cm）

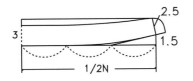

图2-4　都市立领女衬衫领子结构设计（单位：cm）

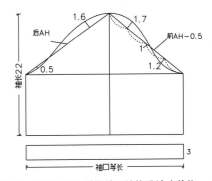

图2-5　都市立领女衬衫袖子结构设计（单位：cm）

知识拓展

想一想：

1.服装中的分割线有什么作用？

2.我们常见的分割线有哪些？

3.我们常见的褶裥有哪些？

1. 服装中的分割线

分割线是服装设计师体现细节不可或缺的造型手段之一。它能根据人体的立体形态，通过裁片分割的方式进行服装结构设计，比如省道位上的分割线属于功能分割线。服装设计师也可以为了丰富服装的形态效果，对服装款式进行装饰作用的分割造型，此类分割线属于造型分割线，往往装饰作用大于功能作用，多用于宽松款服装的设计。

2. 分割线种类

分割线除了可以分为功能分割线与造型分割线外，还能按其形态分为直线分割线与弧线分割线。

直线分割线是指呈现直线造型效果的分割线，如图 2-6 所示。

弧线分割线是指呈现曲线造型效果的分割线，可显示人体的曲线美，如图 2-7 所示。

分割线按其方向还可分为横向分割线、纵向分割线与斜向分割线，如图 2-8 所示。

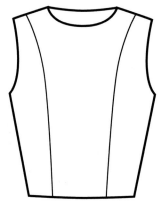

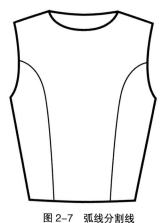

图 2-6　直线分割线　　　　　　图 2-7　弧线分割线

3. 服装中的褶裥

（1）碎褶：由许多细小的褶裥抽缩而成，如图 2-9 所示。

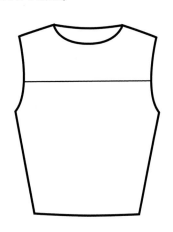
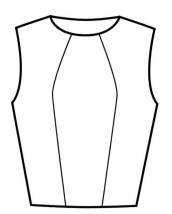
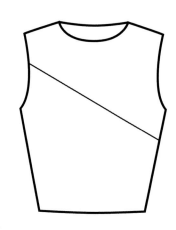

图 2-8　横向分割线、纵向分割线、斜向分割线

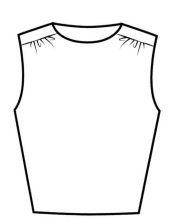
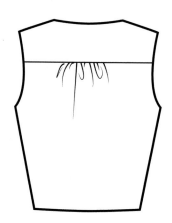

图 2-9　碎褶款式

（2）顺褶：向同一方向折叠的褶裥，如图2-10所示。

（3）明褶：同时向两个方向折叠的褶裥，且两条折边在反面，如图2-11所示。

（4）暗褶：同时向两个方向折叠的褶裥，且两条折边在正面，如图2-12所示。

（5）塔克褶：有规律地向同一方向折叠，再用缝迹线固定的褶裥，如图2-13所示。

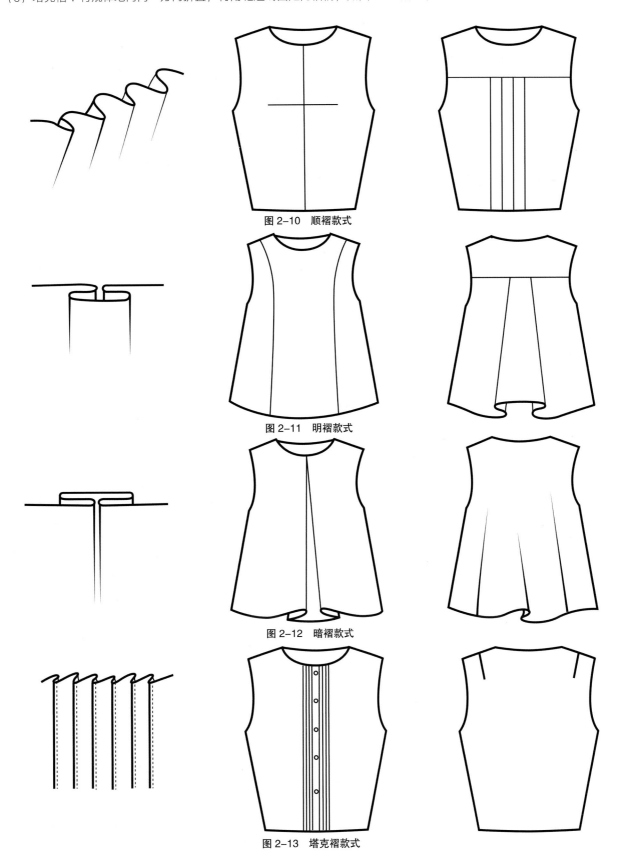

图 2-10　顺褶款式

图 2-11　明褶款式

图 2-12　暗褶款式

图 2-13　塔克褶款式

不论是分割线、褶裥还是省，大多应用于上衣突点射线与省道转移的结构设计中，不仅可以满足人体的各种立体形态，也能塑造出各种服装款式的个性美。

二、都市立领女衬衫样板制作

1.都市立领女衬衫放缝要求

（1）底边放缝1.2cm，门襟放缝3.5cm。

（2）各侧缝、袖窿、肩缝、领围、袖山弧线、袖底缝、袖口、袖克夫、领子等均放缝1cm。

（3）都市立领女衬衫放缝图，如图2-14所示。

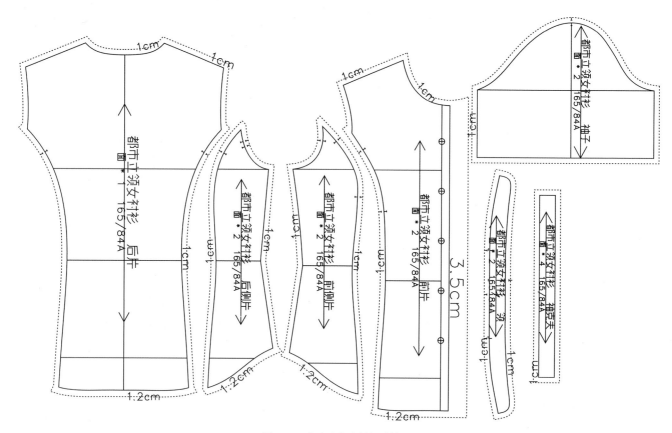

图2-14　都市立领女衬衫放缝图

活动三
都市立领女衬衫面辅料裁配

都市立领女衬衫工艺制作之前，张某某需要完成面辅料的准备工作，其中包括面料、衬料的排料、裁剪及辅料的准备。

一、都市立领女衬衫面料排料（图 2-15）

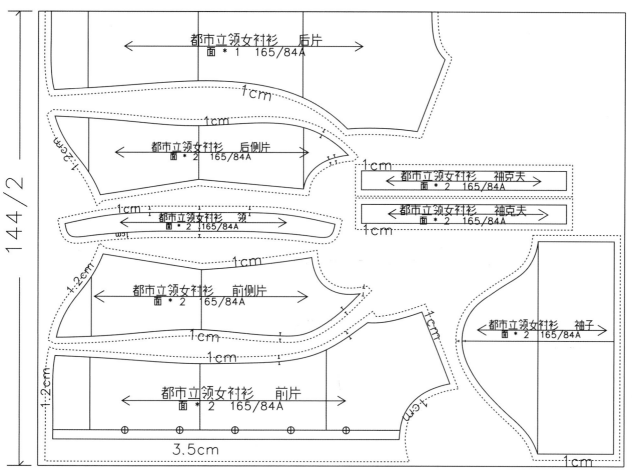

图 2-15　都市立领女衬衫面料排料图

二、都市立领女衬衫面料裁配

1. 面料的裁片

（1）前片 ×2；

（2）前侧片 ×2；

（3）后片 ×1（连裁）；

（4）后侧片 ×2；

（5）袖片 ×2；

（6）袖克夫 ×4；

（7）领子 ×2。

2. 衬料的裁片

（1）领面纸衬 ×1；

（2）门里襟纸衬条 ×2；

（3）袖克夫纸衬 ×2。

三、都市立领女衬衫辅料准备

（1）纽扣 6 颗：门襟 5 颗，领子 1 颗。

（2）配色线 1 卷。

活动四
都市立领女衬衫缝制工艺

想一想：

张某某完成都市立领女衬衫面辅料裁配后，按照任务单的要求，为使其工艺缝制有序进行，在缝制前他将合理安排各个缝制工序的顺序，尽可能使工序前后衔接良好，提高都市立领女衬衫的工艺缝制效率。大家思考下张某某如何安排会比较合理呢？

一、都市立领女衬衫缝制工艺流程

整理裁片并烫粘合衬→作缝制标记→缝缉门里襟并熨烫平整→衣片拼缝→缝缉肩缝→做领子→绱领子→做袖子→绱袖子→缝缉侧缝和袖底缝→缉缝袖克夫→做底边→锁眼钉扣→整烫→质检。详细工艺流程图如图2-16所示。

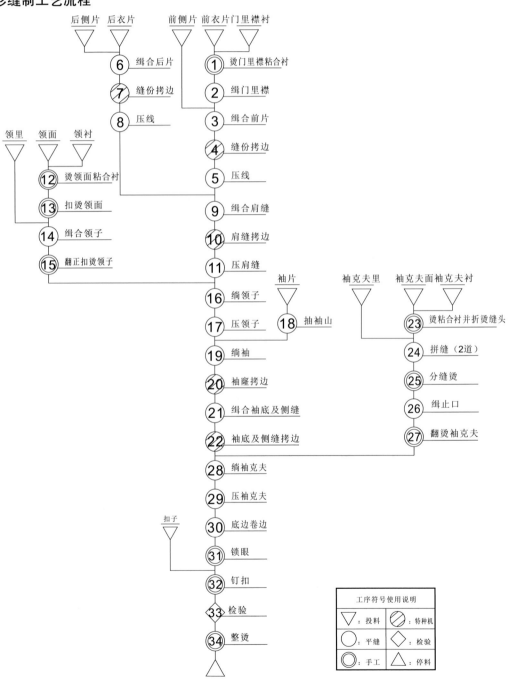

图2-16　都市立领女衬衫工艺流程图

二、都市立领女衬衫缝制工艺步骤（表2-4）

表2-4　都市立领女衬衫缝制工艺步骤

序号	工艺缝制图示	工序	工艺描述 / 重难点	设备
1		烫粘合衬及作缝制标记	领面、门里襟边、袖克夫面烫无纺粘合衬。 根据样板要求，对拼缝对位处进行标记，特别是后领中、袖山顶点、门里襟折转对位处等。	熨斗及工艺样板
2	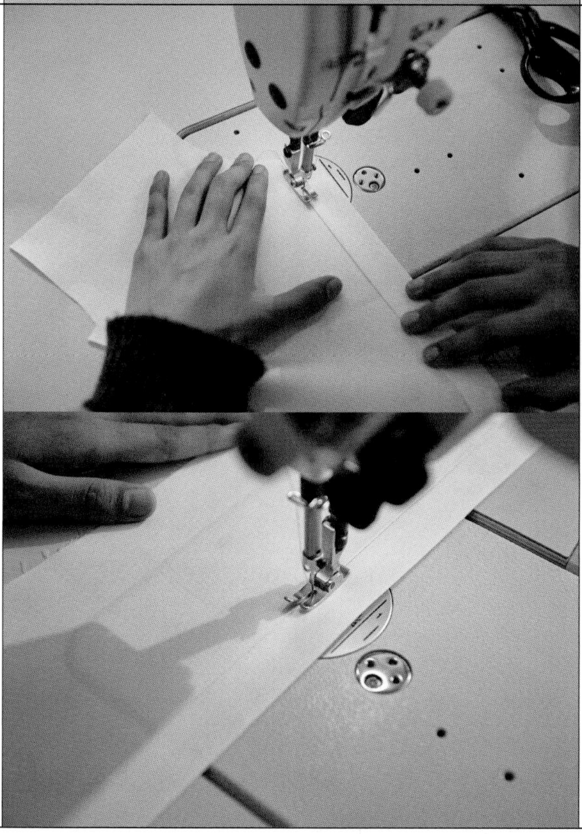	门里襟工艺	门里襟采用卷边工艺，根据前中对位记号折烫门里襟缝份及贴边，前片反面朝上，止口缉0.1cm宽的单线。	平缝机及熨斗

序号	工艺缝制图示	工序	工艺描述／重难点	设备
3	  	前后片拼缝工艺	拼缝工艺： ①前片和前侧片，对准对位记号后，缝份正面相对，缉1cm宽的缝份； ②前片在上，缝份拷边； ③缝份向前中坐倒，正面缉0.6cm宽的止口线； ④后片和后侧片，对准对位记号后，缝份正面相对，缉1cm宽的缝份； ⑤后片在上，缝份拷边； ⑥缝份向后中坐倒，正面缉0.6cm宽的止口线。	平缝机、拷边机、熨斗
4	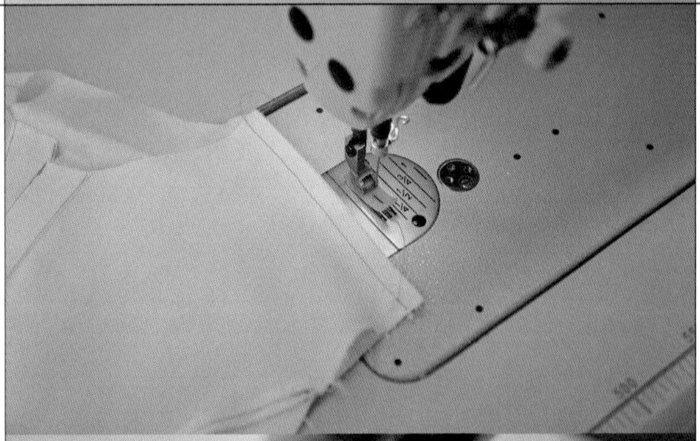 	肩缝工艺	缉合前后肩缝，前后小肩正面相对，以缝份1cm宽缉合。 缉合后，前片在上，缝份拷边后向后片倒，缉0.6cm宽的单线。 注意小肩缉合过程中，需要将后小肩多出的0.5cm左右容缩，保证前后小肩宽度一致。	平缝机及拷边机

序号	工艺缝制图示	工序	工艺描述 / 重难点	设备
5	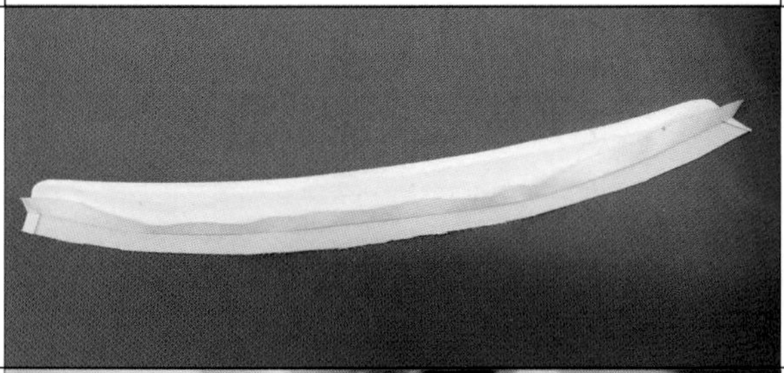	做领工艺	领面领口处折烫1cm。 领面与领里正面相对，圆弧处三边缉1cm宽的缝份，并修剪缝份。 用扣烫样板扣烫领子后，翻正领子，并烫平整。 （准备工艺扣烫样板）	平缝机及熨斗
6	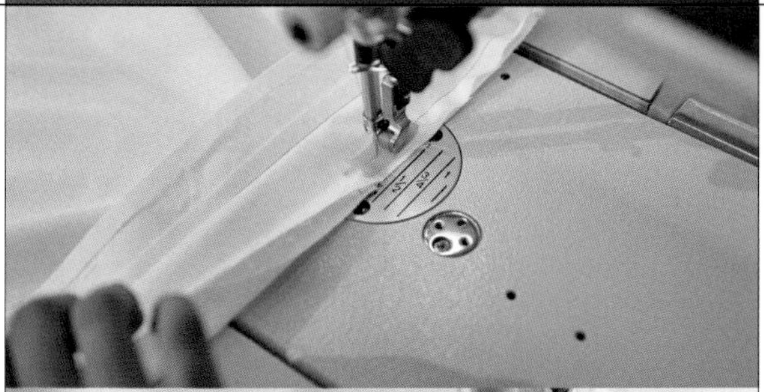 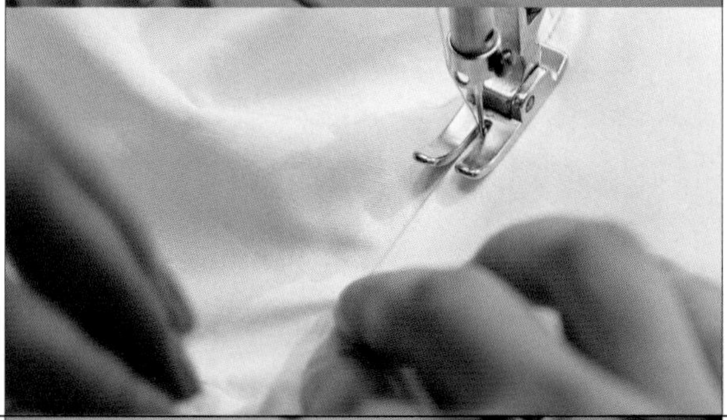	绱领子工艺	绱领：将领里的面与衣身领圈里缝份相对，对准领嘴后，缉1cm宽的缝份。 压领：领子缝份向领内烫平伏，领面折转的净线与绱领的缉缝线对准，缉0.1cm宽的止口线。 注意整个绱领过程中，在后领中对位，领子不可起涟。 立领工艺	平缝机及熨斗
7	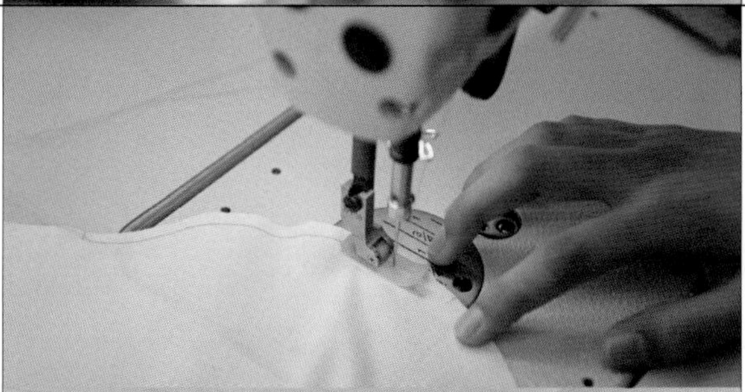  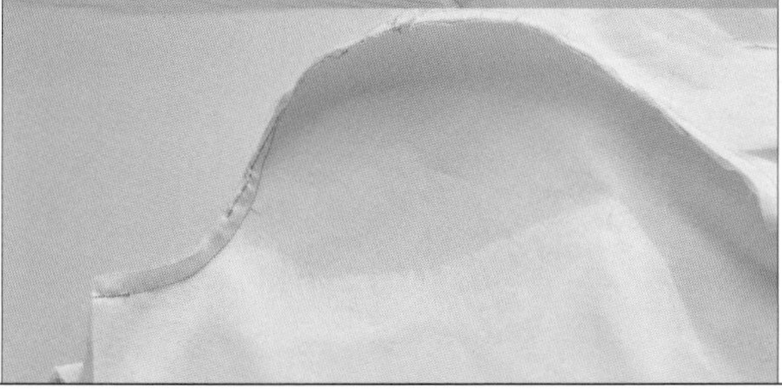	做袖工艺	在袖山头抽线，将吃势烫均匀。 ①用较稀针距在需要抽线的部位沿边缉线，缉线不要超过缝头，因此缉线一般不拆掉。 ②在袖山头抽线。一般薄料的袖山头不用抽线，厚料的袖山头采用抽线，在袖山头刀眼附近一段横丝缕处略少抽些，斜丝缕部位抽拢稍多些，袖山头向下一段少抽，袖底部位可不抽线。	平缝机

序号	工艺缝制图示	工序	工艺描述 / 重难点	设备
8	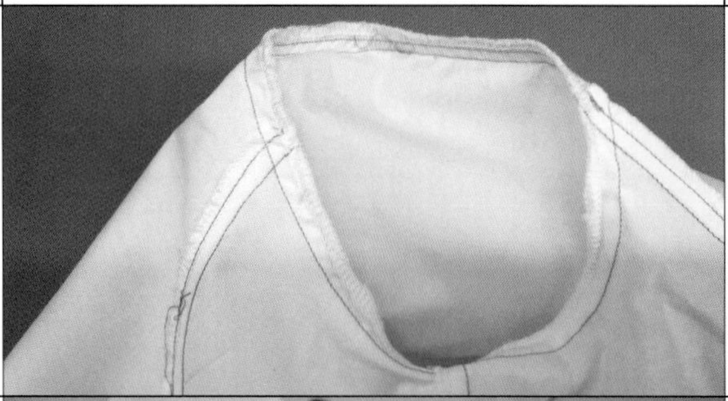	绱袖工艺	将袖子放下层，大身放上层（也可以将袖子放上层，大身放下层，便于掌握袖子吃势），缝份正面相对，袖窿与袖子放齐。袖山头刀眼对准肩缝，缉1cm宽的缝份，然后拷边。	平缝机及拷边机
9		侧缝和袖底缝缉合工艺	将前衣片放上层，后衣片放下层。右衣片从袖口向底摆方向缝合，左衣片从底摆向袖口方向缝合，袖底十字缝要对准，保持上下层松紧一致，然后拷边。	平缝机及拷边机
10	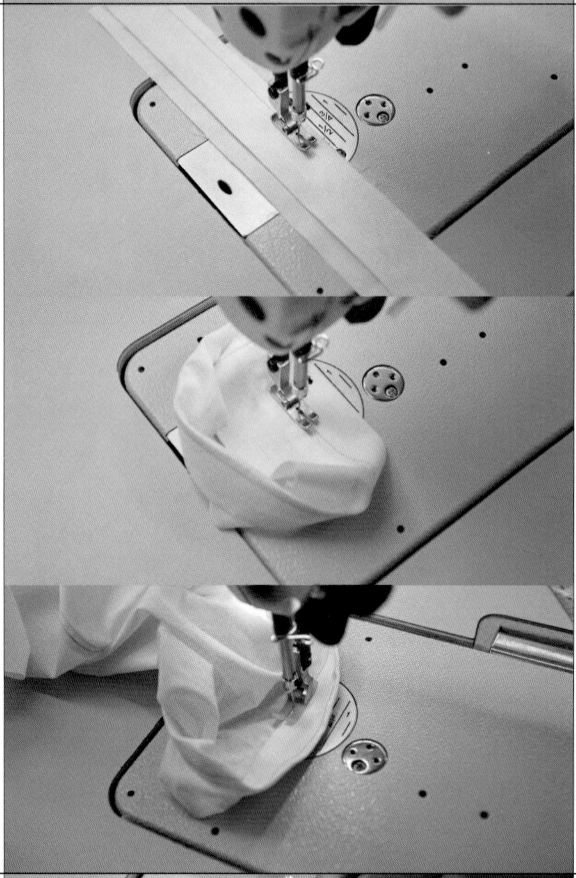	袖克夫工艺	袖克夫面和里各自两头封口，缝份为1cm，烫分开缝。 将袖克夫面一边折烫1cm。 将袖克夫里与袖克夫面相对，以缝份1cm宽缉合另一边一整圈。 将袖克夫翻正，止口缉0.1cm和0.6cm宽的双止口线。 使袖口反面与袖克夫里正面相对，以缝份1cm宽缉合后缝头，向袖克夫烫倒，注意袖底缝对位。 袖克夫面折烫后沿着袖口和袖克夫缉线位，压0.1cm和0.6cm双止口线，注意缉线不可起涟。 贴边袖克夫工艺	平缝机及熨斗
11	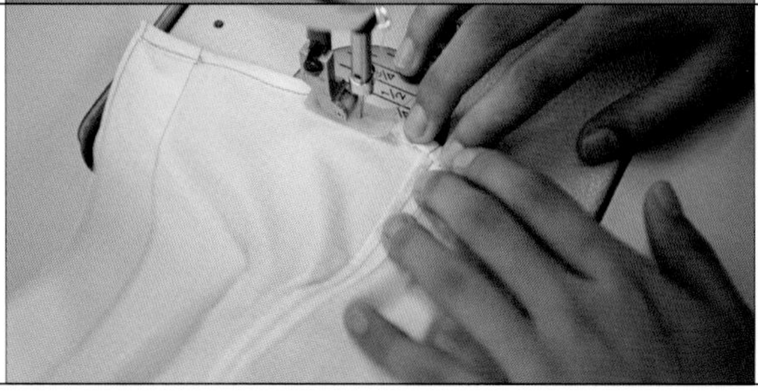	底边工艺	缉底边，底边采用卷边工艺，整体0.6cm宽卷边，止口以0.1cm宽缉线。 注意前后片底边拼缝位置的对位，防止底边起涟。	平缝机

序号	工艺缝制图示	工序	工艺描述/重难点	设备
12		锁眼钉扣工艺	锁眼：门襟锁直扣眼五个。扣眼位于门襟条正中，眼大根据纽扣大小加纽扣厚度确定，一般为1~1.2cm。领子扣眼为横扣眼，起始位置以门襟条居中向前推0.2cm左右为准，大小同门襟扣眼位。 钉扣：根据锁眼位钉扣。	手缝针
13	 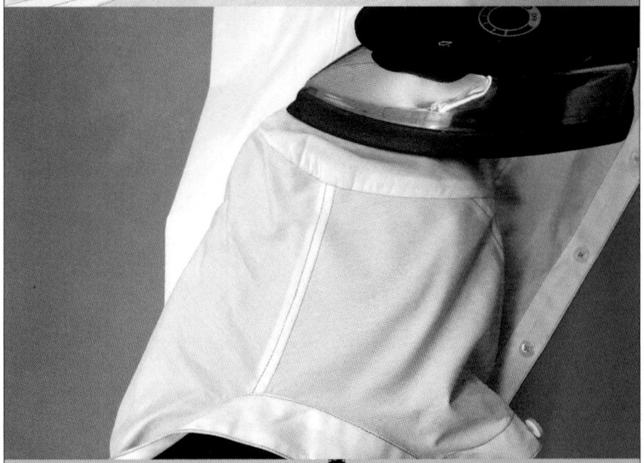 	整烫工艺	①熨烫前均匀喷水，若有污渍，要先洗干净。 ②先熨烫门里襟。 ③熨烫衣袖，用袖凳辅助熨烫为佳。 ④熨烫领子，先烫领里，再烫领面。 ⑤熨烫侧缝，下摆和后衣片。 ⑥衣服扣子扣好，放平，烫平左、右衣片。	熨斗

活动五
都市立领女衬衫评价标准

都市立领女衬衫总体评价要求：

1. 都市立领女衬衫尺寸符合成品规格尺寸要求。

2. 装领左右对称，面、里松紧适宜，领头圆弧美观圆顺。

3. 前后片拼缝匀称，缉线平顺美观。

4. 一片袖绱袖均匀，两袖长短一致且左右袖对称。

5. 门襟里襟长短一致，不起吊，扣眼均匀美观。

6. 底边宽窄一致，缉线顺直。

一、自评及小组互评表（表2-5）

表2-5　自评及小组互评表

序号	评价内容	评价等级				自评	小组互评					
		优	良	中	差		1	2	3	4	5	6
1	遵守考勤制度，无迟到、早退、旷课现象	10	8	6	4							
2	认真自觉完成课前学习任务，理解并掌握知识点	10	8	6	4							
3	能分析理解任务书的内容与要求，明确任务	10	8	6	4							
4	遵守课堂纪律，认真学习	10	8	6	4							
5	能明确和承担自己的分工，并认真完成	10	8	6	4							
6	认真参与小组交流，能表达自己的观点，认真听取他人意见	10	8	6	4							
7	积极合作，与成员配合共同解决问题，具有团队意识	10	8	6	4							
8	积极参与完成学习任务，能主动帮助他人	10	8	6	4							
9	能按时完成学习任务	10	8	6	4							
10	样板制图准确度高，展示效果好	10	8	6	4							

二、企业专家评价表（表2-6）

表2-6　企业专家评价表

序号	评价内容	分值	专家评分	专家评价
1	样板制图规范准确，设计尺寸合理，符合成品尺寸	30		
2	成品样板标注正确，对位记号、丝缕标记无缺漏	10		
3	样衣准确表达设计款式图的成衣着装效果	20		
4	成品样板符合行业标准，可以投入实际生产	20		
5	学生思路清晰，准备充分，能有效沟通交流	20		

三、教师评价表（表2-7）

表2-7　教师评价表

序号	评价内容	评价等级				教师评分
		优	良	中	差	
1	遵守考勤制度，遵守课堂纪律	10	8	6	4	
2	准备充分，完成课前学习任务	10	8	6	4	
3	分工合理明确，自觉主动承担分工	10	8	6	4	
4	理解并掌握本次课的知识点，并能应用	10	8	6	4	
5	样板制图规范准确，设计尺寸合理，符合成品尺寸	10	8	6	4	
6	样衣准确反映设计款式图的成衣着装效果	10	8	6	4	
7	按时完成学习任务	10	8	6	4	
8	小组协作性强，效率高	10	8	6	4	
9	自主性强，具备分析问题、解决问题的能力	10	8	6	4	
10	发言清晰，语言组织得当，汇报展示效果好	10	8	6	4	

活动六
都市立领女衬衫拓展训练

张某某完成都市立领女衬衫制作任务后，老师表示从款式分析到制板及工艺都较好，因此布置了拓展款（表2-8）练习，我们和张某某一起根据学习的内容来完成拓展款的训练。

表 2-8　都市女衬衫拓展款制作任务书　　　　　单位：cm

款式名称	都市女衬衫拓展款	款式编号		2032S2004	
规格尺寸	165/84A	责任人		张某某	
款式描述		**款式图**			
都市女衬衫拓展款为合体型款式；前中直角立领，领口1颗纽扣；短袖，袖口卷边；门襟6颗纽扣；前片横向弧度分割线；前后腰省到底边处；下摆弧线设计					

			规格尺寸					
成品规格	后中长（BCL）	背长（BAL）	胸围（B）	腰围（W）	肩宽（SW）	领围（N）	袖长（SL）	袖贴边（宽）
165/84A	62	38	94	80	38	38	25	3
测量（成衣）	后中度	后中度	夹下2.5折起度	后中下38折起度	平度	领展开度	肩点度下	

面辅料								
面料：纯色全棉府绸								
辅料：无纺衬，7颗纽扣（门襟6颗，领1颗），配色线等								

设计：	制板：	样衣：	复核：

拓展训练要求：

1.完成1:5结构小图绘制。

2.完成1:1结构图及样板制作。

3.完成拓展款的工艺训练。

任务三
简约中性女衬衫制作

学习内容

◆ 简约中性女衬衫款式及规格设置

◆ 简约中性女衬衫样板制作

◆ 简约中性女衬衫面辅料裁配

◆ 简约中性女衬衫缝制工艺

学习时间

◆ 40课时

知识目标

◆ 掌握简约中性女衬衫款式分析的能力

◆ 掌握简约中性女衬衫规格设置的方式方法

◆ 掌握简约中性女衬衫结构设计及样板制作的方式方法

◆ 掌握简约中性女衬衫缝制工艺的方式方法

能力目标

◆ 学生能够独立分析简约中性女衬衫制作任务书，拆解、细分任务，完成简约中性女衬衫样衣的制作

情感目标

◆ 培养学生的观察分析能力

◆ 培养学生学习的主动意识

◆ 使学生养成良好的学习习惯

案例导入

张某某通过学习和参照常规基础女衬衫制作的经验，分析和尝试简约中性女衬衫的制作，从其任务书（表3-1）分析开始，进行结构设计和工艺制作，并对其进行自评。

表 3-1　简约中性女衬衫制作任务书　　　　　　　　　　　　　单位：cm

款式名称	简约中性女衬衫	款式编号	2032S2005
规格尺寸	165/84A	责任人	张某某

款式描述	款式图
简约中性女衬衫为宽松型款式；企领（锐角立领和钝角立领组合），领座1颗纽扣；长袖，宝剑头袖衩，双褶裥，绱直角袖克夫；门襟5颗纽扣；前片腰节附近左右各一贴袋；肩部过肩造型设计；下摆圆弧造型	

规格尺寸

成品规格	后中长（BCL）	背长（BAL）	胸围（B）	肩宽（SW）	领围（N）	袖长（SL）	袖克夫（宽/高）
165/84A	70	38	114	44	38	58	24/4
测量（成衣）	后中度	后中度	夹下2.5折起度	平度	领展开度	肩点度下	展开度

面辅料

面料：纯色全棉府绸

辅料：无纺衬，8颗纽扣（门襟5颗，领子1颗，左右袖口各1颗），配色线等

设计：	制板：	样衣：	复核：

活动一
简约中性女衬衫款式和规格设置

想一想：

张某某根据简约中性女衬衫的任务书操作，需要先对简约中性女衬衫的款式进行深入分析，我们帮张某某想一想从哪些方面入手分析款式会比较好呢？

一、简约中性女衬衫款式分析（图3-1）

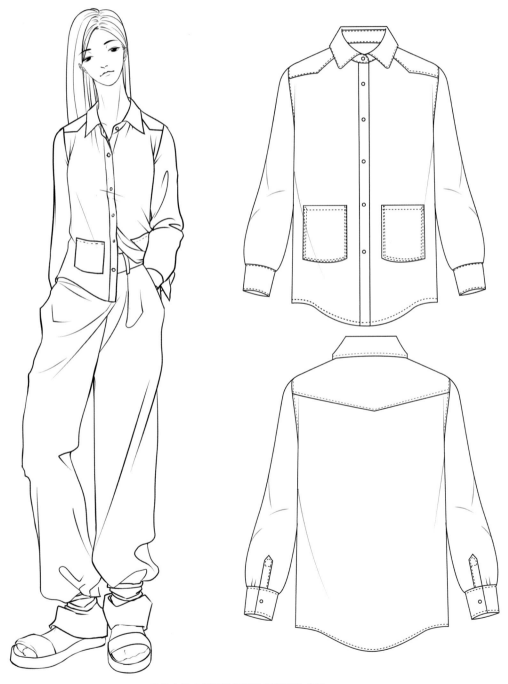

图3-1　简约中性女衬衫效果图及正背面款式图

简约中性女衬衫款式图分析

（1）简约中性女衬衫为 H 廓形的宽松版款式。

（2）领子：企领（衬衫领），领座前中 1 颗扣，横开扣眼。

（3）袖子：长袖，宝剑头袖衩，袖口双褶裥，绱直角袖克夫。

（4）门襟：门襟 5 颗纽扣。

（5）底摆：圆弧造型下摆。

（6）细节：前后无省道，过肩造型，前片左右各一方形贴袋。

（7）工艺：整衣无拷边，多为卷边、暗包缝等工艺。

知识拓展

想一想：

我们常见的衬衫款式中，哪些零部件可以有不一样的变化？

1. **口袋的变化**（图 3-2）

2. **领子的变化**（图 3-3）

3. **袖衩的变化**（图 3-4）

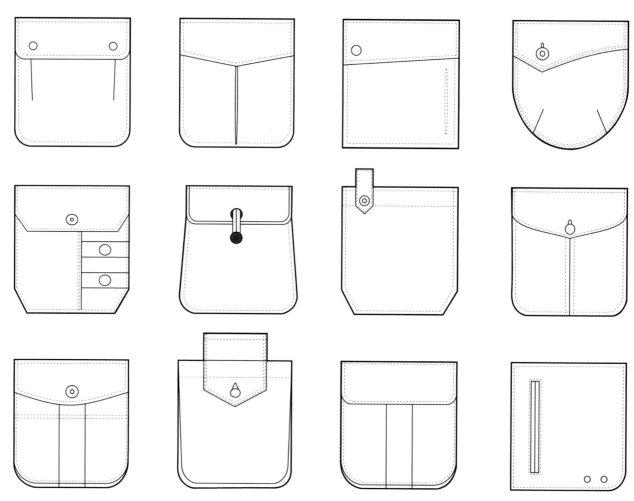

图 3-2　常见贴袋的款式变化

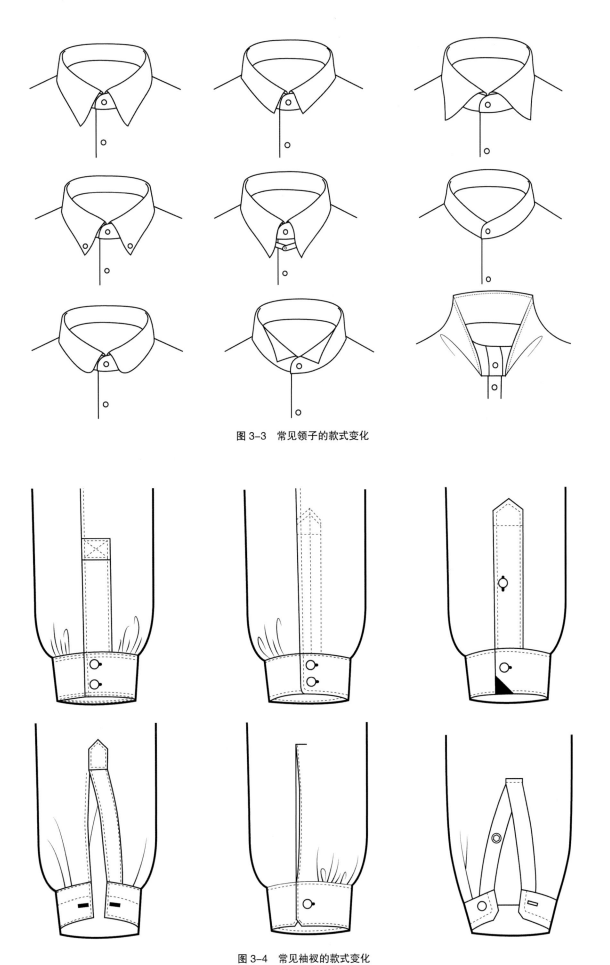

图 3-3　常见领子的款式变化

图 3-4　常见袖衩的款式变化

二、简约中性女衬衫规格设计（表3-2、表3-3）

表3-2　简约中性女衬衫规格尺寸表　　　　　　　单位：cm

款式名称	约中性女衬衫			款式编号		2032S2005		
部位	后中长（BCL）	背长（BAL）	胸围（B）	腰围（W）	领围（N）	肩宽（SW）	袖长（SL）	袖克夫（宽/高）
净尺寸		38	84	66	36	40		
成品尺寸	70	38	114	114	38	44	58	24/5

表3-3　简约中性女衬衫系列规格参考表　　　　　　单位：cm

部位	型号				
	155/76A	160/80A	165/84A	170/88A	175/92A
后中长	66	68	70	72	74
背长	36	37	38	39	40
胸围	106	110	114	118	122
腰围	106	110	114	118	122
肩宽	42	43	44	45	46
领围	36	37	38	39	40

活动二
简约中性女衬衫样板制作

接下来张某某开始进行简约中性女衬衫的结构设计及样板制作，为接下来的样衣缝制做好准备。

一、简约中性女衬衫结构制图

1. 衣身原型转省（图3-5）
2. 衣身结构设计（图3-6）
3. 领子结构设计（图3-7）
4. 袖子结构设计（图3-8）

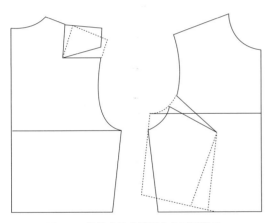

图3-5 简约中性女衬衫衣身原型转省

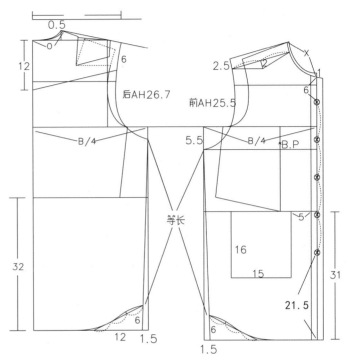

图3-6 简约中性女衬衫衣身结构设计（单位：cm）

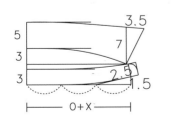

图3-7 简约中性女衬衫领子结构设计（单位：cm）

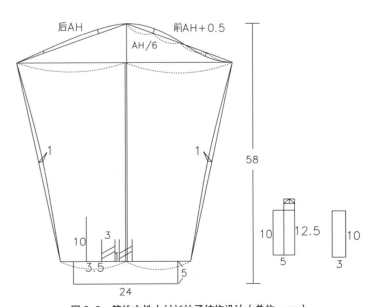

图3-8 简约中性女衬衫袖子结构设计（单位：cm）

二、简约中性女衬衫样板制作

1. 简约中性女衬衫放缝要求

（1）底边放缝 2cm，袖口放缝 3cm。

（2）侧缝、袖窿、肩缝、过肩、领围、前中、袖山弧线、袖底缝、袖衩、上下领等均放缝 1cm。

（3）简约中性女衬衫放缝图，如图 3-9 所示。

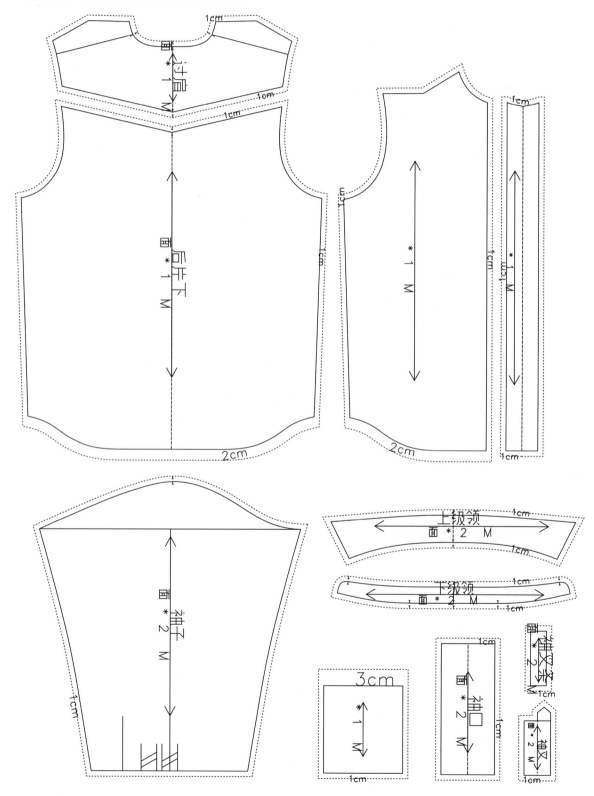

图 3-9　简约中性女衬衫样板放缝图

活动三
简约中性女衬衫面辅料裁配

简约中性女衬衫工艺制作之前，张某某需要完成其面辅料的准备工作，其中包括面料、衬料的排料、裁剪及辅料的准备。

一、简约中性女衬衫面料排料（图 3-10）

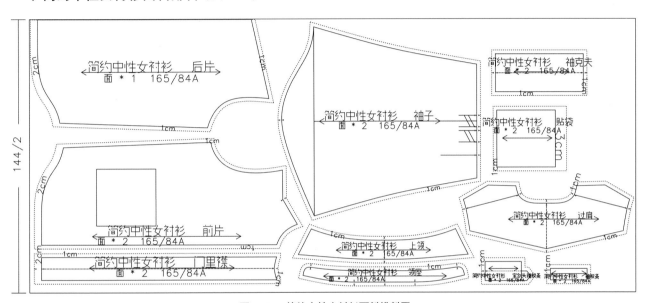

图 3-10　简约中性女衬衫面料排料图

二、简约中性女衬衫面料裁配

1. 面料的裁片

（1）前片 ×2；

（2）后片 ×1（连裁）；

（3）门襟条 ×2；

（4）过肩 ×2；

（5）贴袋 ×2；

（6）袖子 ×2；

（7）袖克夫 ×2；

（8）宝剑头袖衩 ×2；

（9）小袖衩 ×2；

（10）上领 ×2；

（11）领座 ×2。

2. 衬料的裁片

（1）上领面纸衬 ×1；

（2）领座面纸衬 ×1；

（3）门里襟纸衬条 ×2；

（4）袖克夫面纸衬 ×2。

三、简约中性女衬衫辅料准备

（1）纽扣 8 颗：门襟 5 颗，领子 1 颗，袖克夫左右各 1 颗。

（2）配色线 1 卷。

活动四
简约中性女衬衫缝制工艺

想一想：

张某某完成简约中性女衬衫面辅料裁配后，按照任务单的要求，为使其工艺缝制有序进行，在缝制前他将合理安排各个缝制工序的顺序，尽可能使工序前后衔接良好，提高简约中性女衬衫的工艺缝制效率。大家思考下张某某如何安排会比较合理呢？

一、简约中性女衬衫缝制工艺流程

整理裁片→烫粘合衬→作缝制标记→烫门里襟→绱门里襟→做前贴袋→绱前贴袋→做过肩→缝缉过肩→做领→绱领→做袖（包含做袖衩）→绱袖→缉缝侧缝和袖底缝→做袖克夫→绱袖克夫→做底边→锁眼钉扣→整烫→质检，详细工艺流程图如图 3-11 所示。

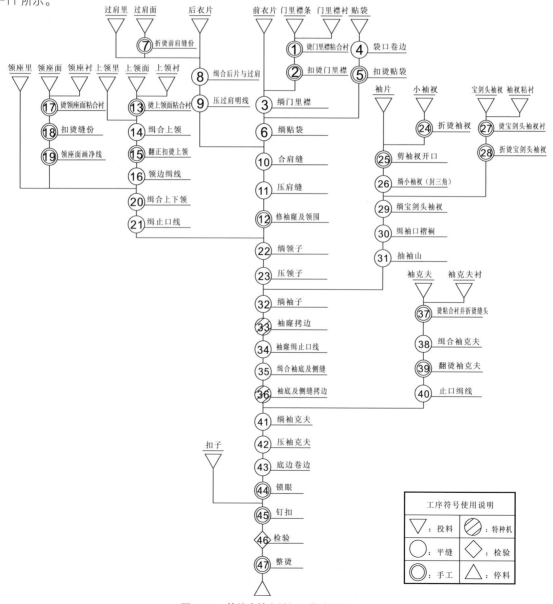

图 3-11　简约中性女衬衫工艺流程图

二、简约中性女衬衫缝制工艺步骤（表3-4）

表 3-4　简约中性女衬衫缝制工艺步骤

序号	工艺缝制图示	工序	工艺描述 / 重难点	设备
1	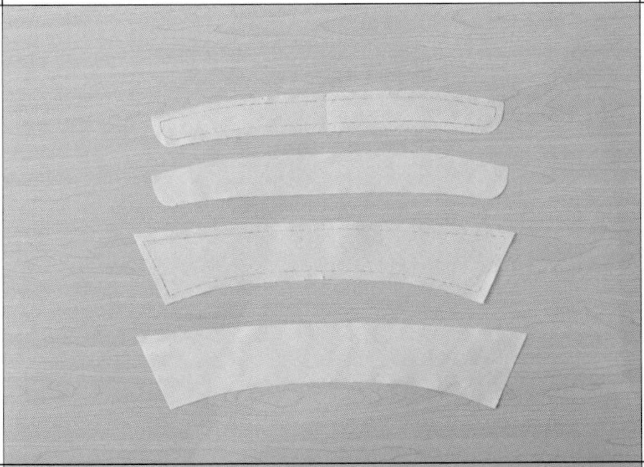	整理裁片及烫粘合衬	上领面、领座面、袖克夫面、门里襟条需烫无纺粘合衬。 注意粘合衬熨烫过程中，熨斗温度适宜，且粘合衬不得大于裁片，以防粘合衬烫到熨斗或者烫到烫台上影响设备安全。 若担心熨斗温度难以控制，建议准备烫布。	熨斗
2	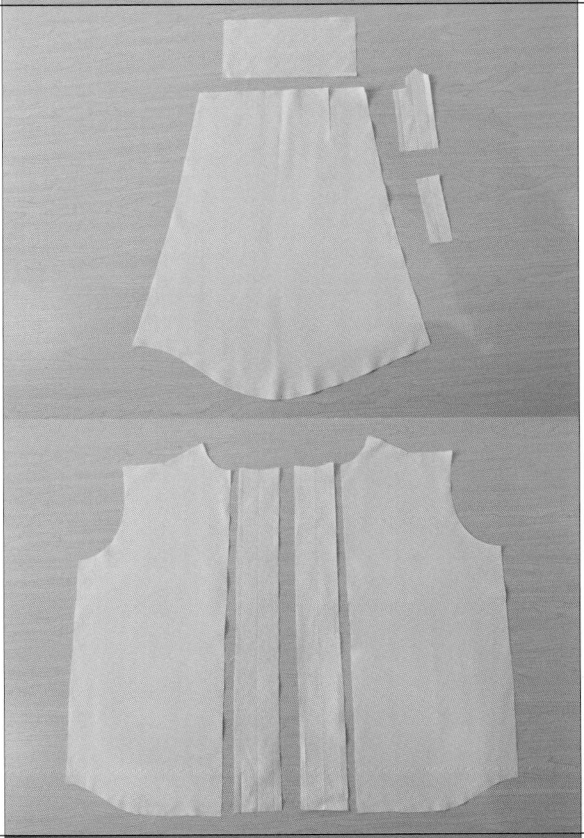	作缝制标记	①根据样板要求，完成对位记号的缝制标记。 ②作好前贴袋的定位标记。 由于衬衫可用不同面料制作，因此根据实际情况，可选择剪刀眼（注意刀眼深度不可超过0.5cm）、画线（不可用水笔等难以消除痕迹的材质画线）、打线钉等不同方式作缝制标记。	工艺样板及定位样板
3	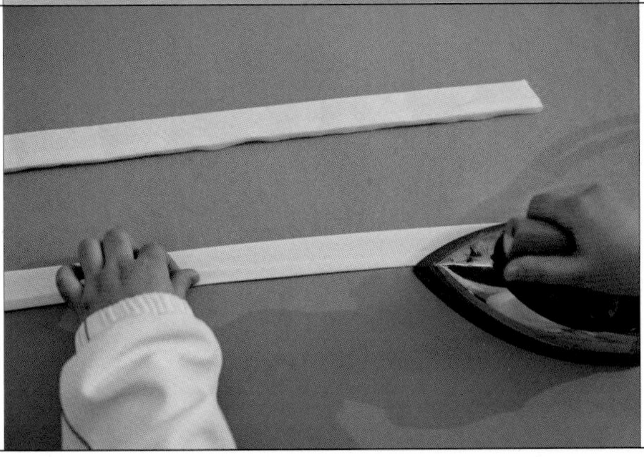	烫门里襟工艺	门里襟反面朝上，直丝方向两边缝份均折边1cm，然后对折烫平伏，需烫出里外匀。 熨烫过程中不要烫黄、烫焦、烫起光。 门襟工艺	熨斗

序号	工艺缝制图示	工序	工艺描述／重难点	设备
4	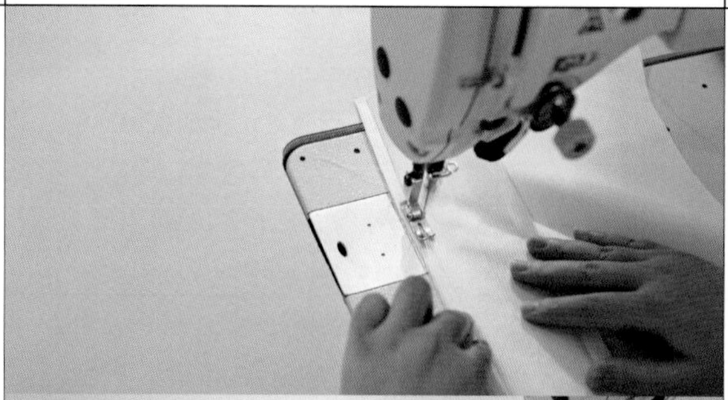 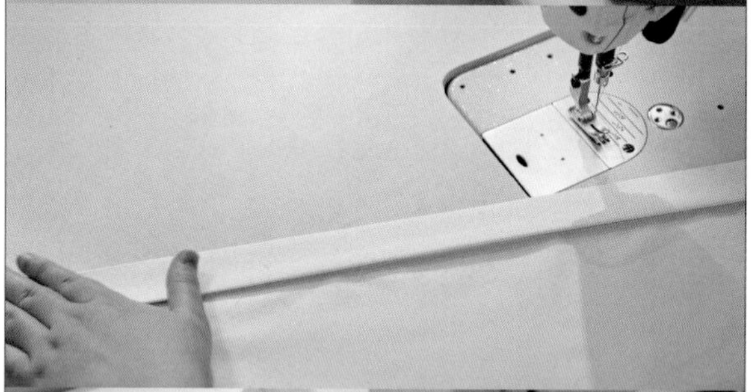 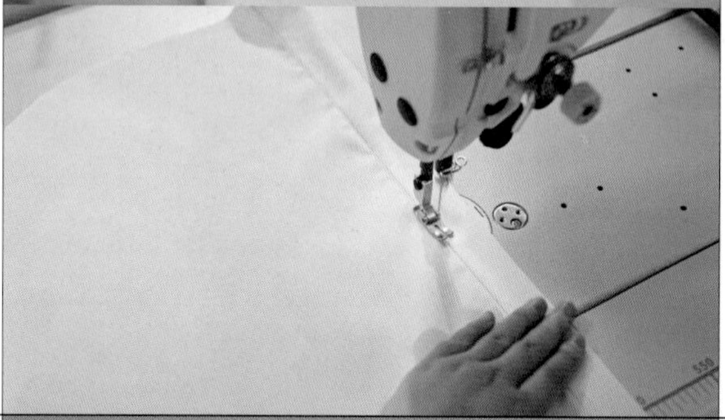	绱门襟工艺	门里襟条夹车前片的前中缝份1cm，止口缉0.1cm宽的单线。 注意，缉线过程中门里襟反面止口不要落坑，缉线要顺直美观。	平缝机
5		做前贴袋工艺	①袋口2cm卷边工艺：先袋口反面朝上，缝份向上折边1cm，再折边2cm，止口缉0.1cm宽的单线。 ②扣烫贴袋两侧边及底边。 注意，折边缝份不少于1.2cm，且转角处防止露缝份。 （准备工艺扣烫样板） 贴袋工艺	平缝机及熨斗
6	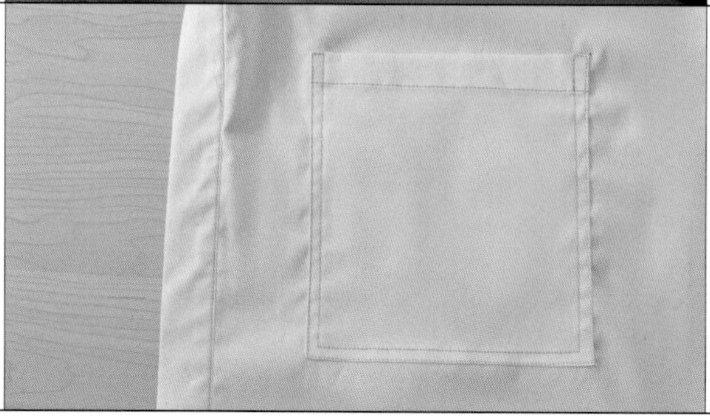	绱前贴袋工艺	将扣烫好的贴袋，袋口朝上放到前片袋位处，根据袋位从右向左三边缉0.1cm和0.6cm宽的双线。 注意，缉线起针和结尾都需要回针，防止脱线。同时，贴袋袋口略比袋底松0.2cm左右。确保前片左右贴袋对称美观。	平缝机

序号	工艺缝制图示	工序	工艺描述 / 重难点	设备
7	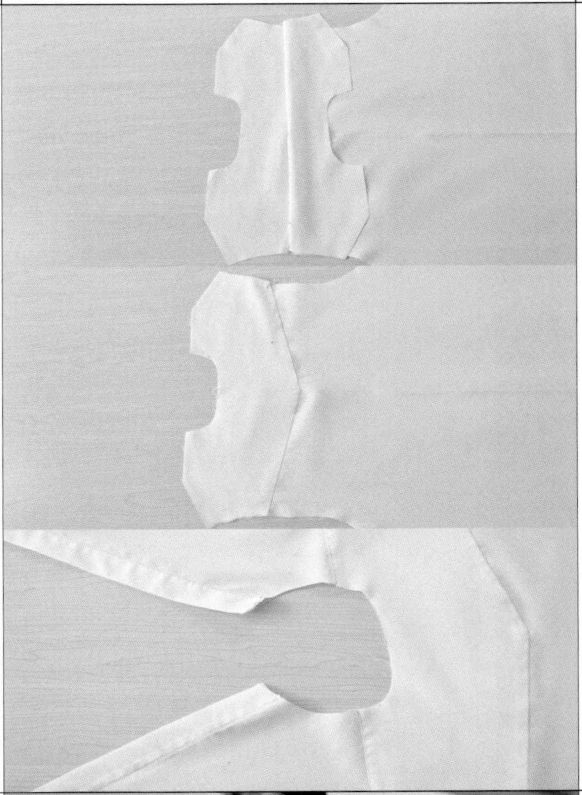	缉缝过肩工艺	将后片正面和后过肩面正面的缝份相对，后过肩里正面与后片反面的缝份相对，以缝份1cm绲合。 （两层过肩及后片三层夹车） 左（右）前过肩面缝份折烫1cm。将左（右）前过肩里缝份左（右）前片反面的缝份相对，以缝份1cm绲合，然后缝份向过肩烫倒。左（右）前过肩面以0.1cm宽的缉线压缉左（右）前片。 注意，过肩有尖角造型，因此缉线过程中要注意转角的处理，保证尖角居中且美观。 过肩工艺　　衬衫领工艺	平缝机及熨斗
8	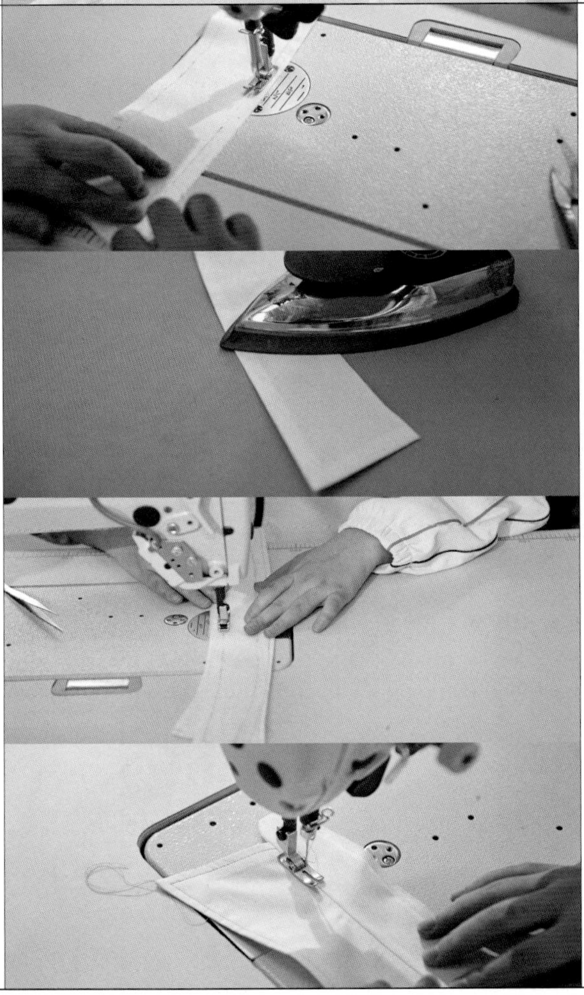	做领工艺	上领工艺：上领面和上领里正面相对，上领面放下层，上领里放上层，借助工艺样板画净缝线，沿净缝缉线，领角部位拉线工艺，且要有里外匀窝势（缉线时注意领面要略松）。 修剪缝头，上领里缝头修剪到0.5cm，上领面缝头修到0.8cm。工艺样板扣烫上领后，翻正上领。 注意领角翻出后，上领里朝上熨烫，从两头烫，防止上领里反吐，两领角对称美观。 沿止口缉0.6cm宽的单线，注意止口不要外吐。 领座工艺：领座里沿下口，借助工艺样板，缝头折边1cm扣烫。止口缉0.7cm宽的单线。 领座里反面朝上，借助工艺样板画净缝线。 将领座面和领座里正面相对，中间夹上领下口缝头，上领面与领座里正面相对，沿领座净线缉线。 修领座缝头，圆角处修到0.5cm，扣烫平伏后翻正，并在上领和领座交接3cm处缉0.1cm宽的止口线。	平缝机

序号	工艺缝制图示	工序	工艺描述 / 重难点	设备
9	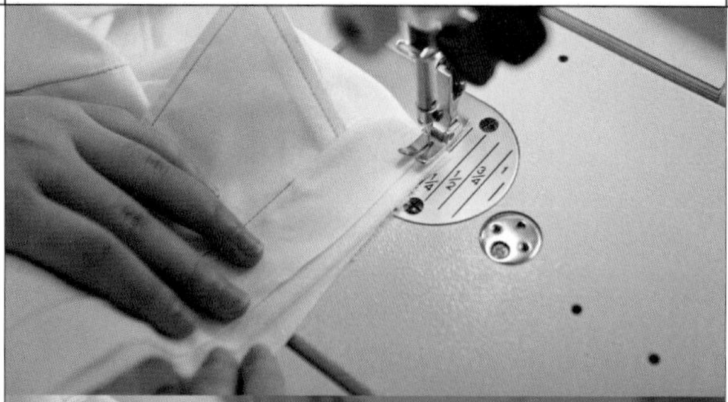 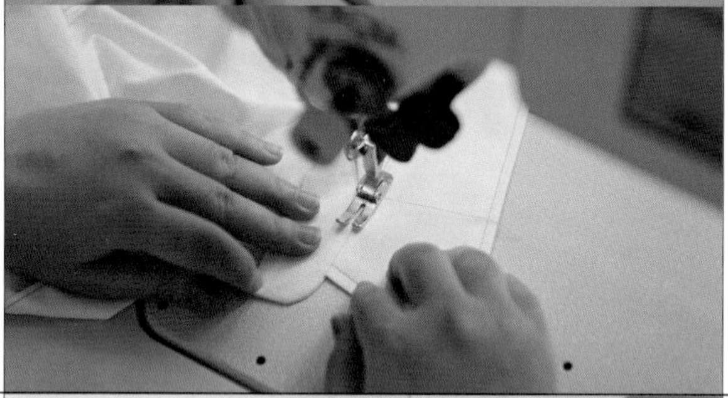	绱领工艺	①绱领：领座面下口缝份与衬衫领圈对齐，两者正面相对，起针时，领座比前中门里襟缩进 0.1cm，从前中门襟开始缉 1cm 宽的单线，注意对位要准确。完成后，使缝头向领座烫倒、烫平伏。 ②压领：从右边上领和领座交接处 3cm 处开始缉 0.1cm 宽的止口线，直至绕至另一端上领和领座的交接处，注意起针和结尾处都要回针。 注意缉线过程，缉线转角要方正，领座圆角要圆顺，领子要左右对称，领座不要产生起涟、落坑等不良效果。	平缝机
10	  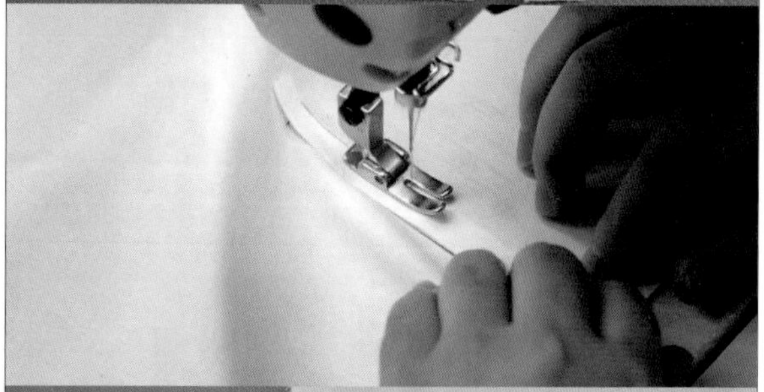 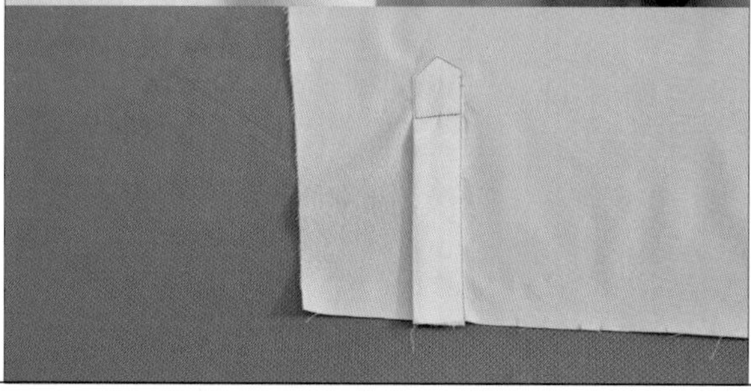	袖衩工艺	①剪开衩位置：袖片反面朝上，根据开衩定位线剪开，剪三角要到位，不能剪出头，此处可烫条衬，注意不可露衬。 ②烫宝剑头袖衩及小袖衩：根据宝剑头袖衩的工艺样板（扣烫净样板）扣烫，注意止口面里要有 0.1cm 差（面比里大 0.1cm）。 ③缉小袖衩：小袖衩缉缝方式同常规基础女衬衫直衩工艺。 完成小袖衩缉线后，在袖子正面封三角和小袖衩头，注意回针固定，防止脱线。 ④缉宝剑头：扣烫好的宝剑头袖衩夹车开衩另一边缝头，缉 0.1cm 宽的止口线，过小袖衩三角封口处注意务必盖住小袖衩，且缉线不停止，直至完成宝剑头袖衩的造型，注意结尾回针。 宝剑头袖衩工艺	平缝机及熨斗

序号	工艺缝制图示	工序	工艺描述／重难点	设备
11	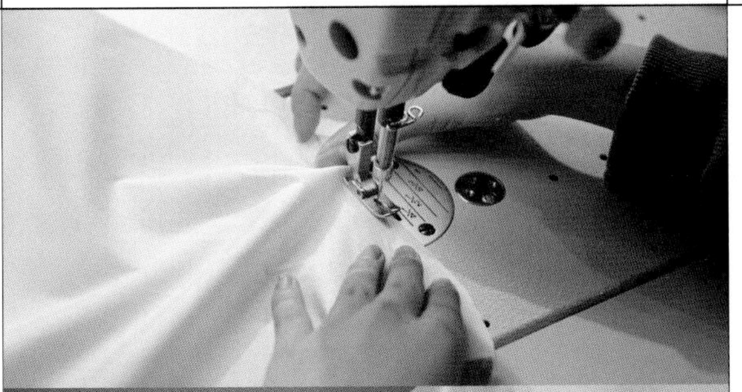 	做袖工艺	在袖山头抽线，将吃势烫均匀。袖口按褶裥对位记号固定褶裥位。 ①用较稀针距在需要抽线的部位沿边缉线，缉线不要超过缝头，因此缉线一般不拆掉。 ②在袖山头抽线。一般薄料的袖山头不用抽线，厚料的袖山头采用抽线，在袖山头刀眼附近一段横丝缕略少抽些，斜丝缕部位抽拢稍多些，袖山头向下一段少抽，袖底部位可不抽线。 ③在缉线的同时，可以用右手食指抵住压脚后端的袖片，使之形成袖山头吃势，再根据需要用手调节各部位吃势的量。	平缝机及拷边机
12	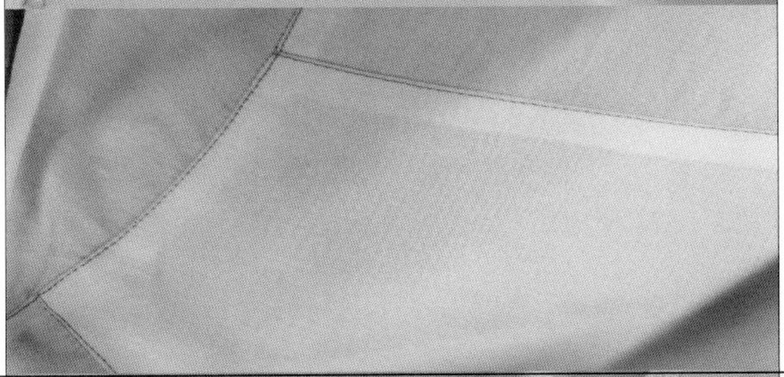	绱袖工艺	内包缝方式绱袖：袖山弧线正面与衣身的正面相对，袖山头刀眼对准肩缝，袖山弧线处缝份折转0.7cm左右夹车袖窿，缝份为0.7cm。缝头向衣身袖窿倒后，缉0.1cm宽的止口线。 若要简单工艺，可用拷边方式绱袖。 （两者对缝份处理要求不同，本书缝份采用常规处理，若按照内包缝方式，则袖山缝份为1.4cm，袖窿缝份为0.7cm）。	平缝机及拷边机
13		侧缝和袖底缝缉合工艺	将袖底缝、前衣片放上层，后衣片放下层。右身从袖口向下摆方向缝合，左身从下摆向袖口方向缝合，袖底十字缝要对齐、上下层松紧要一致，然后拷边。 注意，若袖山用内包缝，则侧缝及袖底缝也应用内包缝方式，样板放缝过程中注意缝头的量与拷边工艺有所差异。	平缝机及拷边机
14	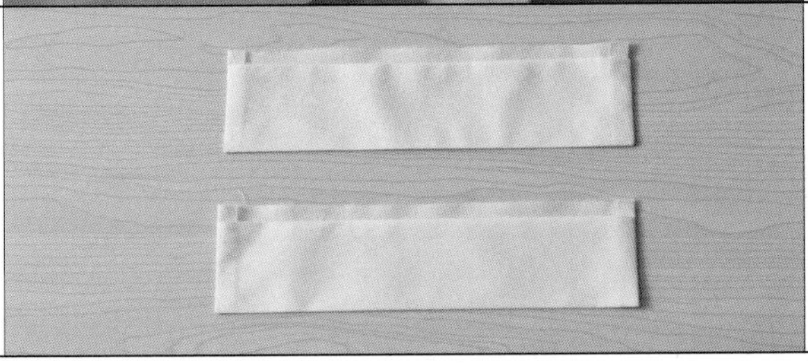	做袖克夫工艺	①袖克夫正面相叠，袖克夫面缝份折转1cm，两头分别缉线，袖克夫尺寸按规格要求。 ②烫转两边缝，翻出后烫平，烫煞，袖克夫夹里比袖克夫面的放出1cm缝头。	平缝机及熨斗

序号	工艺缝制图示	工序	工艺描述 / 重难点	设备
15	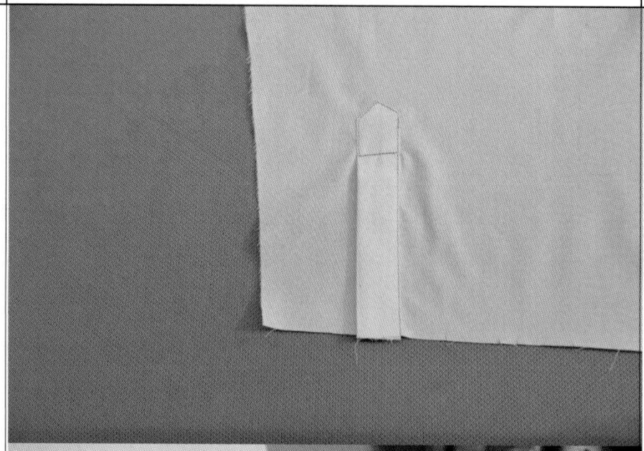 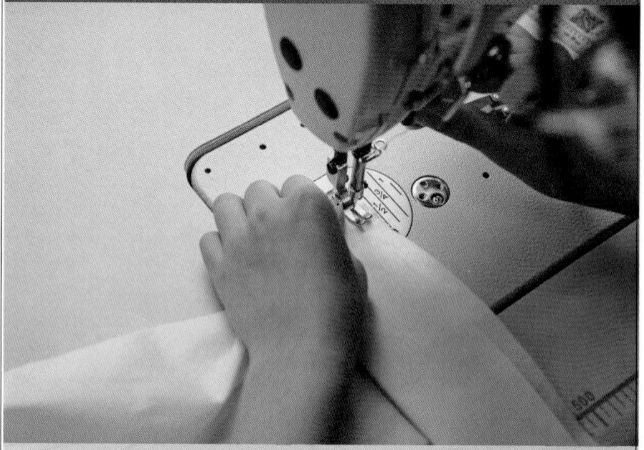 	绱袖克夫工艺	①左右袖片的袖口大小需一致；袖克夫长短需一致。 ②袖克夫里缝头的正面与袖片反面相对，袖口放齐，以1cm缝份绱线，注意袖衩两头必须与袖克夫两头对齐。 ③翻正袖克夫，将缝份朝袖克夫压倒，止口绱0.1cm宽的单线，其余三边绱0.6cm宽的止口线。	平缝机
16		底边工艺	绱底边，底边采用卷边工艺，整体以1cm卷边，止口绱0.1cm宽的单线。	平缝机

序号	工艺缝制图示	工序	工艺描述/重难点	设备
17		锁眼钉扣工艺	锁眼：门襟锁直扣眼5个。扣眼位门襟条居中，眼大根据纽扣大小加纽扣厚度确定，一般为1~1.2cm。领子扣眼为横扣眼，起始位置以门襟条居中并向前推0.2cm为准，大小同门襟扣眼位。 袖克夫扣眼同常规基础女衬衫锁眼。 钉扣：根据锁眼位钉扣。	手缝针
18	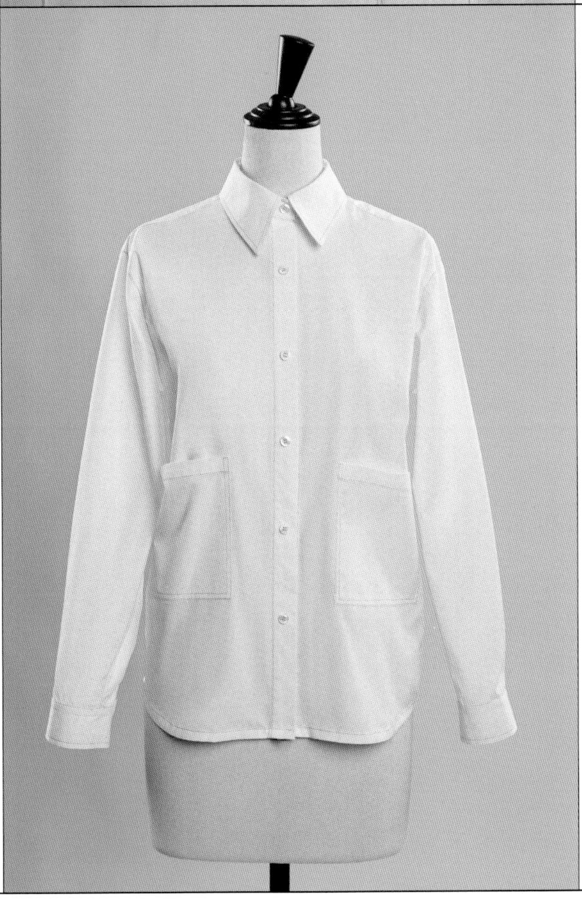	整烫工艺	①熨烫前均匀喷水，若有污渍，要先洗干净。 ②先熨烫门里襟挂面。 ③熨烫衣袖。袖克夫、袖口有褶裥，要将褶裥理齐。压烫有细裥则要将细裥放均匀，要烫平，然后再烫袖底缝。烫袖克夫时用手拉住袖克夫边，用熨斗横推熨烫。 ④熨烫领子。先烫领里，再烫领面，然后将衣领翻折好，烫成圆弧状。 ⑤熨烫侧缝、下摆和后衣片。 ⑥衣服扣子扣好，放平，烫平左、右衣片。	熨斗

活动五
简约中性女衬衫评价标准

简约中性女衬衫总体评价要求：

1. 简约中性女衬衫尺寸符合成品规格尺寸要求。

2. 领头、领角长短一致，装领左右对称，领面有窝势，面、里松紧适宜。

3. 贴袋美观方正，位置准确，做工精良。

4. 一片袖绱袖均匀，两袖长短一致且左右袖对称。

5. 门襟里襟长短一致，不起吊，扣眼均匀美观。

6. 过肩拼合美观，尖角左右对称。

7. 底边宽窄一致，缉线顺直。

一、自评及小组互评表（表3-5）

表3-5 自评及小组互评表

序号	评价内容	评价等级				自评	小组互评					
		优	良	中	差		1	2	3	4	5	6
1	遵守考勤制度，无迟到、早退、旷课现象	10	8	6	4							
2	认真自觉完成课前学习任务，理解并掌握知识点	10	8	6	4							
3	能分析理解任务书的内容与要求，明确任务	10	8	6	4							
4	遵守课堂纪律，认真学习	10	8	6	4							
5	能明确和承担自己的分工，并认真完成	10	8	6	4							
6	认真参与小组交流，能表达自己的观点，认真听取他人意见	10	8	6	4							
7	积极合作，与成员配合共同解决问题，具有团队意识	10	8	6	4							
8	积极参与完成学习任务，能主动帮助他人	10	8	6	4							
9	能按时完成学习任务	10	8	6	4							
10	样板制图准确度高，展示效果好	10	8	6	4							

二、企业专家评价表（表3-6）

表3-6 企业专家评价表

序号	评价内容	分值	专家评分	专家评价
1	样板制图规范准确，设计尺寸合理，符合成品尺寸	30		
2	成品样板标注正确，对位记号、丝缕标记无缺漏	10		
3	样衣准确表达设计款式图的成衣着装效果	20		
4	成品样板符合行业标准，可以投入生产实际	20		
5	学生思路清晰，准备充分，能有效沟通交流	20		

三、教师评价表（表3-7）

表3-7 教师评价表

序号	评价内容	评价等级				教师评分
		优	良	中	差	
1	遵守考勤制度，遵守课堂纪律	10	8	6	4	
2	准备充分，完成课前学习任务	10	8	6	4	
3	分工合理明确，自觉主动承担分工	10	8	6	4	
4	理解并掌握本次课的知识点，并能应用	10	8	6	4	
5	样板制图规范准确，设计尺寸合理，符合成品尺寸	10	8	6	4	
6	样衣准确反映设计款式图的成衣着装效果	10	8	6	4	
7	按时完成学习任务	10	8	6	4	
8	小组协作性强，效率高	10	8	6	4	
9	自主性强，具备分析问题、解决问题的能力	10	8	6	4	
10	发言清晰，语言组织得当，汇报展示效果好	10	8	6	4	

活动六
简约中性女衬衫拓展训练

张某某完成简约中性女衬衫制作任务后，老师表示从款式分析到制板及工艺都较好，因此布置了拓展款（表3-8）练习，我们和张某某一起根据学习的内容来完成拓展款的训练。

表 3-8　简约女衬衫拓展款制作任务书　　　　　　　　　　　单位：cm

款式名称	简约女衬衫拓展款	款式编号		2032S2006	
规格尺寸	165/84A	责任人		张某某	
款式描述		**款式图**			
简约女衬衫拓展款为宽松型款式；衬衫领，领口 1 颗纽扣，长袖，方头袖衩；门襟 6 颗纽扣；育克分割，前后片过肩处碎褶处理；前片 2 个贴袋；下摆弧线设计					

规格尺寸								
成品规格	后中长（BCL）	背长（BAL）	胸围（B）	腰围（W）	肩宽（SW）	领围（N）	袖长（SL）	袖贴边（宽）
165/84A	70	38	114	114	44	40	58	4
测量（成衣）	后中度	后中度	夹下2.5折起度	后中下38折起度	平度	领展开度	肩点度下	

面辅料
面料：纯色全棉府绸
辅料：无纺衬，11 颗纽扣（门襟 6 颗，领 1 颗，袖克夫各 2 颗），配色线等

设计：	制板：	样衣：	复核：

拓展训练要求：

1.完成1:5结构小图绘制。

2.完成1:1结构图及样板制作。

3.完成拓展款的工艺训练。

任务四
休闲宽松女衬衫制作

学习内容

◆ 休闲宽松女衬衫款式及规格设置

◆ 休闲宽松女衬衫样板制作

◆ 休闲宽松女衬衫面辅料裁配

◆ 休闲宽松女衬衫缝制工艺

学习时间

◆ 54课时

知识目标

◆ 掌握休闲宽松女衬衫款式分析的能力

◆ 掌握休闲宽松女衬衫规格设置的方式方法

◆ 掌握休闲宽松女衬衫结构设计及样板制作的方式方法

◆ 掌握休闲宽松女衬衫缝制工艺的方式方法

能力目标

◆ 学生能够独立分析休闲宽松女衬衫制作任务书，拆解、细分任务，完成休闲宽松女衬衫样衣的制作

情感目标

◆ 培养学生的观察分析能力

◆ 培养学生学习的主动意识

◆ 使学生养成良好的学习习惯

案例导入

张某某根据休闲宽松女衬衫的制作任务书（表4-1），进行款式规格分析、样板制作及样衣的试制，并对其进行自评。

表 4-1　休闲宽松女衬衫制作任务书　　　　　　　　　　　　单位：cm

款式名称	休闲宽松女衬衫	款式编号	2032S2007
规格尺寸	165/84A	责任人	张某某

款式描述	款式图
休闲宽松女衬衫为宽松型款式；带领座衬衫领；中袖，袖口可卷边，袖口有袖袢装饰并固定；半门襟3粒扣；左前胸一暗工字褶带袋盖贴袋；后片育克分割且后衣片带褶裥；下摆两侧开衩且前短后长	

规格尺寸							
成品规格	后中长（BCL）	背长（BAL）	胸围（B）	腰围（W）	肩宽（SW）	袖长（SL）	袖袢（长/宽）
165/84A	64	38	108	108	50	35	20/2
测量（成衣）	后中度	后中度	夹下2.5折起度	后中下38折起度	平度	肩点度下	长度和宽度

面辅料
面料：纯色全棉府绸
辅料：无纺衬，3颗纽扣（门襟），配色线等

设计：	制板：	样衣：	复核：

活动一
休闲宽松女衬衫款式和规格设置

一、休闲宽松女衬衫款式分析（图4-1）

图4-1　休闲宽松女衬衫效果图及正背面款式图

休闲宽松女衬衫款式图分析

（1）休闲宽松女衬衫为宽松型款式。

（2）领子：带领座的衬衫领。

（3）袖子：中袖，袖口可卷边。

（4）门襟：半门襟三粒扣装饰。

（5）衣片：左前胸一褶裥带盖贴袋，后片育克分割且后中带褶裥。

（6）底边：下摆两侧开衩且前短后长。

二、休闲宽松女衬衫规格设计（表4-2、表4-3）

张某某完成休闲宽松女衬衫的款式分析后，准备开始结构设计，但是结构设计前，他需要认真研究规格尺寸，才能进行结构设计。

表4-2　休闲宽松女衬衫规格尺寸表　　　　单位：cm

款式名称	休闲宽松女衬衫			款式编号		2032S2007	
部位	后中长（BCL）	背长（BAL）	胸围（B）	腰围（W）	肩宽（SW）	袖长（SL）	袖祥（长/宽）
净尺寸		38	84	66	40		
成品尺寸	64	38	108	108	50	35	20/2

表4-3　休闲宽松女衬衫系列规格参考表　　　　单位：cm

部位	型号				
	155/76A	160/80A	165/84A	170/88A	175/92A
后中长	60	62	64	66	68
背长	36	37	38	39	40
胸围	100	104	108	112	116
腰围	100	104	108	112	116
肩宽	48	49	50	51	52
领围	37	38	39	40	41
袖长	33	34	35	36	37

活动二
休闲宽松女衬衫样板制作

一、休闲宽松女衬衫结构制图

1.衣身原型转省（图4-2）
2.衣身结构设计（图4-3）
3.领子结构设计（图4-4）
4.袖子结构设计（图4-5）

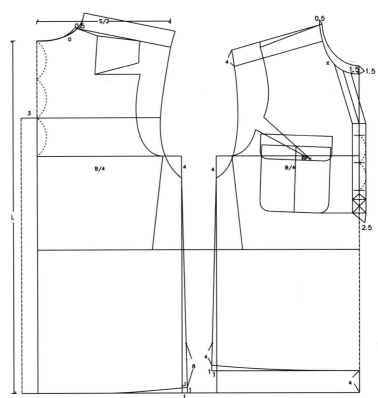

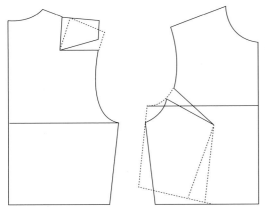

图4-2 休闲宽松女衬衫衣身原型转省

图4-3 休闲宽松女衬衫衣身结构设计（单位：cm）

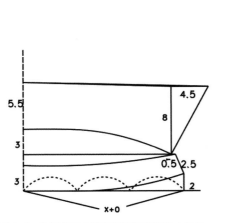

图4-4 休闲宽松女衬衫领子结构设计（单位：cm）

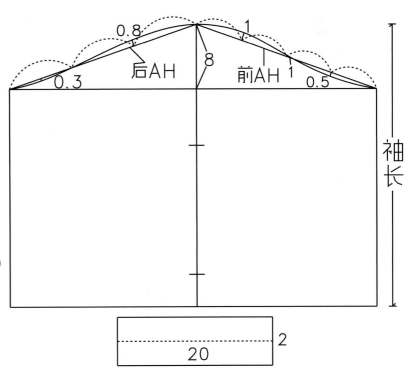

图4-5 休闲宽松女衬衫袖子结构设计（单位：cm）

二、休闲宽松女衬衫样板制作

1. 休闲宽松女衬衫放缝要求

（1）底边放缝 2cm，袖口放缝 3cm。

（2）侧缝、袖窿、肩缝、过肩、领围、前中、袖山弧线、袖底缝、袖衩、上下领等均放缝 1cm。

（3）休闲宽松女衬衫放缝图，如图 4-6 所示。

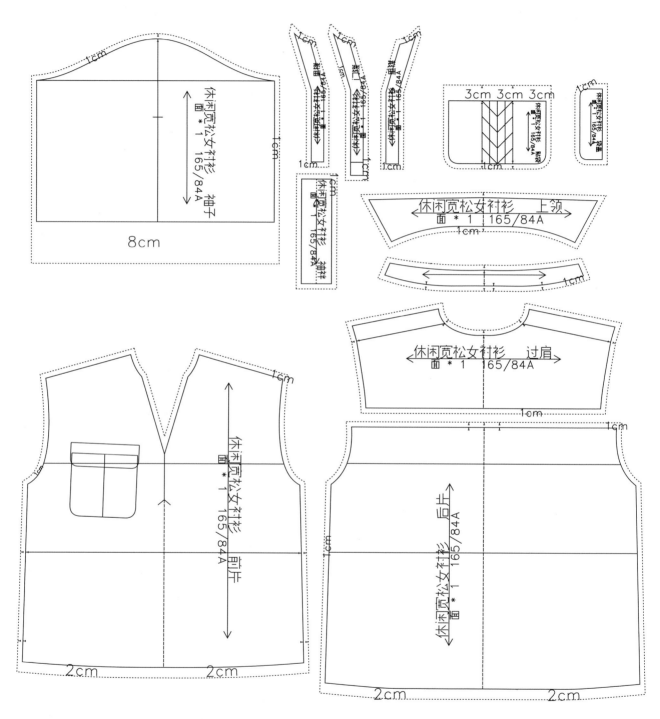

图 4-6　休闲宽松女衬衫样板放缝图

活动三
休闲宽松女衬衫面辅料裁配

休闲宽松女衬衫工艺制作之前，张某某需要完成其面辅料的准备工作，其中包括面料衬料的排料、裁剪及辅料的准备。

一、休闲宽松女衬衫面料排料（图 4-7）

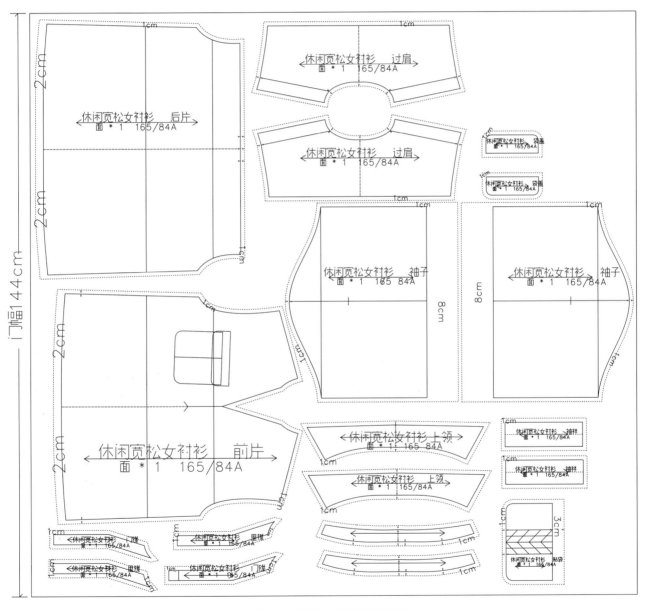

图 4-7　休闲宽松女衬衫面料排料图

二、休闲宽松女衬衫面料裁配

1. 面料的裁片

（1）前片 ×1（连裁）；

（2）后片 ×1（连裁）；

（3）后育克 ×2；

（4）袖片 ×2；

（5）袖袢 ×2；

（6）上领 ×2；

（7）领座 ×2；

（8）门襟 ×2；

（9）里襟 ×2；

（10）贴袋 ×1；

（11）袋盖 ×2。

2. 衬料的裁片

（1）领面纸衬 ×1；

（2）领座纸衬 ×1；

（3）门里襟纸衬 ×2；

（4）袖袢纸衬 ×2；

（5）袋盖纸衬 ×1。

三、休闲宽松女衬衫辅料准备

（1）门襟纽扣 3 颗。

（2）配色线 1 卷。

想一想：

如何选择合适的面料来做衬衫？

1. 棉型织物

图 4-8　棉型织物

棉型织物（图 4-8）是指由棉纱、棉与其他纤维纱线混纺或棉型化纤织制而成的，布面具有棉布风格的织物。棉型织物可分为棉坯布、漂染棉布、色织棉布、丝光棉布等品种。棉型织物制成的衬衫质地优良，穿着舒适，透气性强，吸水性好，但经过水洗和穿着之后易起皱、变形。

2. 麻型织物

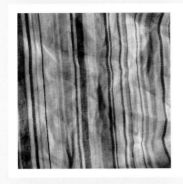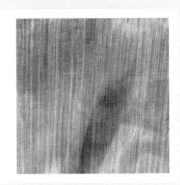

图 4-9　麻型织物

　　麻型织物（图 4-9）指由麻纱、麻混纺纱或化纤仿麻纱织制而成的，布面具有麻布风格的织物。用于服装面料的主要是亚麻和苎麻，麻天然的透气性、吸湿性和清爽性，使其织物成为透气的纺织品。麻型织物制成的衬衫穿着舒适，凉爽透气，吸汗不黏身，但易皱、易变形。

3. 丝型织物

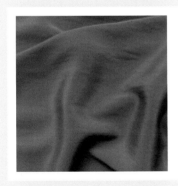

图 4-10　丝型织物

　　丝型织物（图 4-10）指由各类长丝，包括天然蚕丝、人造长丝、合成纤维长丝等织制而成的织物。丝型织物的品类是最丰富的，可分为十四大类，即纺、绫、缎、绉、绸、绢、绡、绨、纱、罗、葛、锦、呢、绒。丝型织物制成的衬衫光泽明亮悦目，轻盈柔滑，高雅华丽，穿着舒适，吸湿性好。

4. 毛型织物

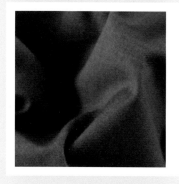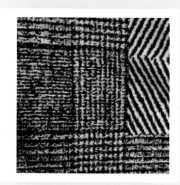

图 4-11　毛型织物

　　毛型织物（图 4-11）指以羊毛、兔毛等各种动物毛及毛型化纤为主要原料制成的织品，包括纯纺、混纺和交织品，俗称呢绒。毛型织物制成的衬衫保暖性好，弹性也好，不易皱，光泽柔和，手感优异，但是易变形，易虫蛀，易缩水。

5. 化纤织物

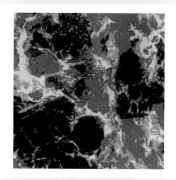

图 4-12　化纤织物

　　化纤织物（图 4-12）指用一种或几种高分子化合物为主要原料制成的织品。常用化纤织物主要有腈纶、涤纶、锦纶、氨纶、维纶等。化纤织物制成的衬衫的共同优点是色彩鲜艳、质地柔软、悬垂挺括、滑爽舒适，缺点则是耐磨性、耐热性、吸湿性、透气性都较差，遇热容易变形，容易产生静电。

活动四
休闲宽松女衬衫缝制工艺

张某某完成休闲宽松女衬衫面辅料裁配后，按照任务单的要求，为使其工艺缝制有序进行，在缝制前他将合理安排各个缝制工序的顺序，尽可能使工序前后衔接良好，提高休闲宽松女衬衫的工艺缝制效率。大家思考下张某某如何安排会比较合理呢？

一、休闲宽松女衬衫缝制工艺流程

整理裁片并烫粘合衬→作缝制标记→贴袋工艺（包括袋盖工艺）→绱贴袋→缝缉门里襟并熨烫平整→后片褶裥工艺→缉缝过肩→做领子→绱领子→做袖衩→绱袖衩→做袖子→绱袖子→缝缉侧缝和袖底缝（注意开衩点）→缉缝袖口卷边→做底边及开衩→锁眼钉扣→整烫→质检，详细工艺流程图如图4-13所示。

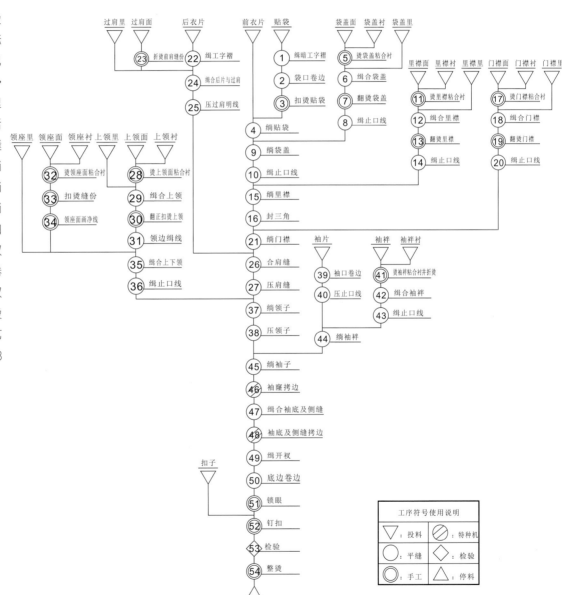

图4-13 休闲宽松女衬衫工艺流程图

· 99 ·

二、休闲宽松女衬衫的缝制工艺步骤（表 4-4）

表 4-4　休闲宽松女衬衫缝制工艺步骤

序号	工艺缝制图示	工序	工艺描述 / 重难点	设备
1	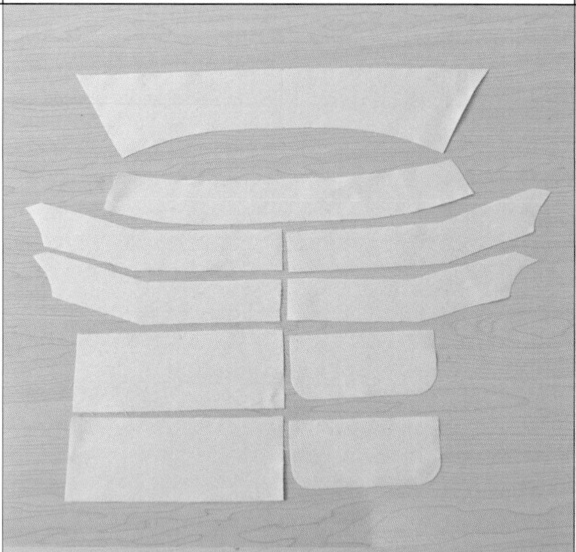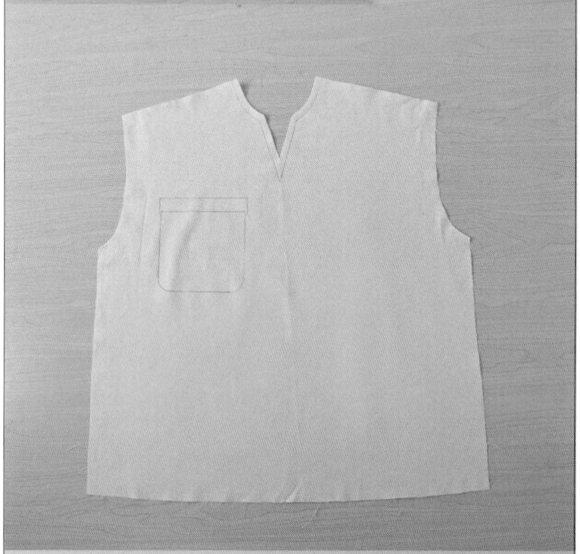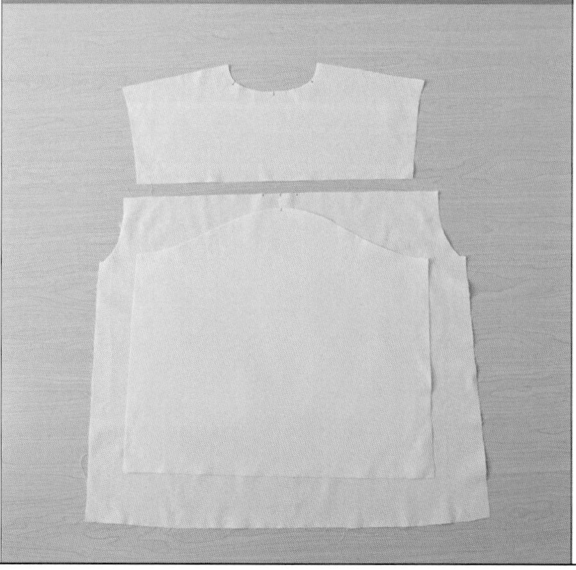	烫粘合衬及作缝制标记	上领面、领座面、门里襟、袋盖面、袖衩面烫无纺粘合衬。 根据样板要求，对拼缝对位处进行标记，特别是前门襟位、贴袋位、后中褶裥位、后领中、袖山顶点、袖衩位等。	熨斗及工艺样板

序号	工艺缝制图示	工序	工艺描述／重难点	设备
2	     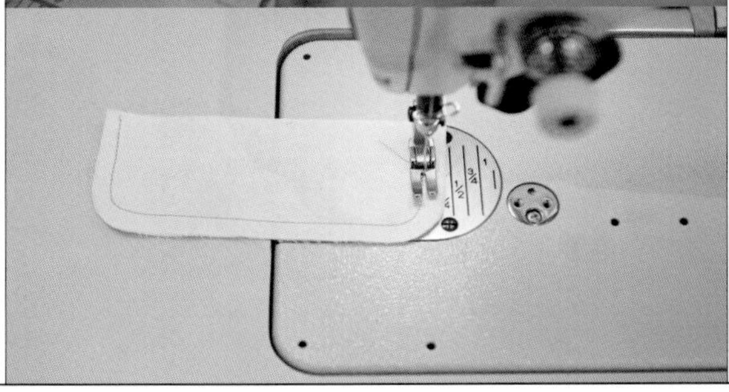	贴袋与袋盖工艺	贴袋制作： ①袋布对折，根据褶裥定位，袋口处缉 3cm 宽的单线，下口缉 2cm 宽的单线；袋口 2cm 卷边； ②烫出暗工字褶造型； ③袋底圆角处抽线处理后，净样扣烫平伏，确保缝份有 1.2cm。 袋盖制作： 袋盖面与里正面相对，三边缉 1cm 宽的单线，注意袋盖面略松与袋盖里，圆角处抽线处理后，净样扣烫后翻出烫平伏，三周缉 0.1cm 宽的单线。 贴袋工艺	平缝机及熨斗

序号	工艺缝制图示	工序	工艺描述 / 重难点	设备
3	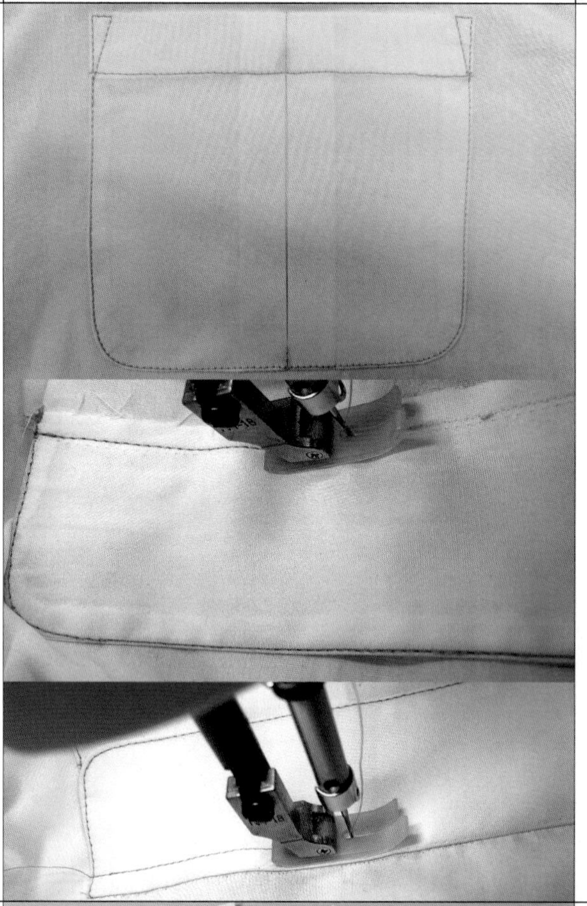	绱贴袋工艺	将扣烫好的贴袋，袋口朝上放到前片袋位处，根据袋位从右向左三边缉0.6cm宽的单线，使贴袋三边有飞边装饰的效果。 注意，缉线起针和结尾处都需要回针，防止袋口两端脱线。同时，贴袋袋口略比袋底松0.2cm左右。 将贴袋袋盖缉到口袋上方，注意袋盖宽度比袋口大0.5cm，居中并保证口袋的平整度，正面缉0.6cm宽的单线。	平缝机
4		门里襟工艺	前中心开门襟处，反面烫条衬，沿前中心定位线剪开至门襟所需长度位置（若门襟成品宽度超过2.5cm，则将多余缝份剪掉，各留1cm缝份即可，底部剪出三角）。 衣片反面朝上，里襟正面与前中开口缝份相对，以1cm缝份缉缝至剪口处并回针。折烫里襟，包转缝头后正面缉0.1cm宽的止口线至剪口处。正面封口（同宝剑头袖衩工艺）。 门襟做法同里襟，区别在于要扣烫出门襟底造型，以0.1cm宽的止口线缉缝。 门襟工艺	平缝机及熨斗

序号	工艺缝制图示	工序	工艺描述／重难点	设备
5		后片褶裥工艺	后片褶裥根据对位记号对折后，缉 0.5cm 宽的单线固定。	平缝机
6	 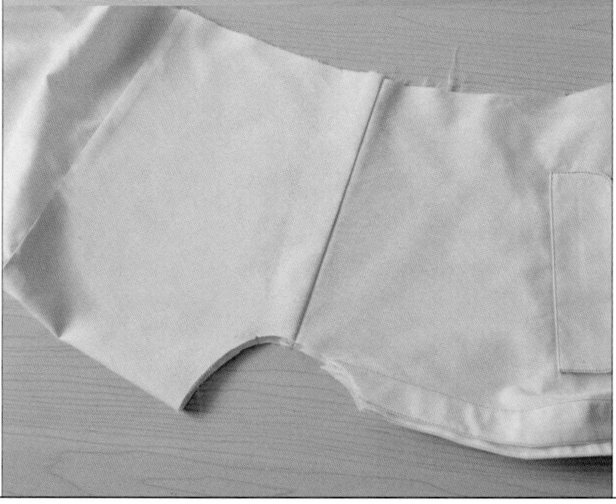	缉缝过肩工艺	将后片正面和后过肩面正面的缝份相对，后过肩里正面与后片反面的缝份相对，以缝份 1cm 缉合。 将左（右）前片正面和左（右）前过肩正面的缝份相对，左（右）前过肩里正面和左（右）前片反面的缝份相对，以缝份 1cm 缉合。 翻正过肩，在前后过肩止口处缉 0.6cm 宽的单线。 注意，因为过肩有尖角造型，因此缉线过程中要注意转角的处理，保证尖角居中且美观。	平缝机

序号	工艺缝制图示	工序	工艺描述／重难点	设备
7	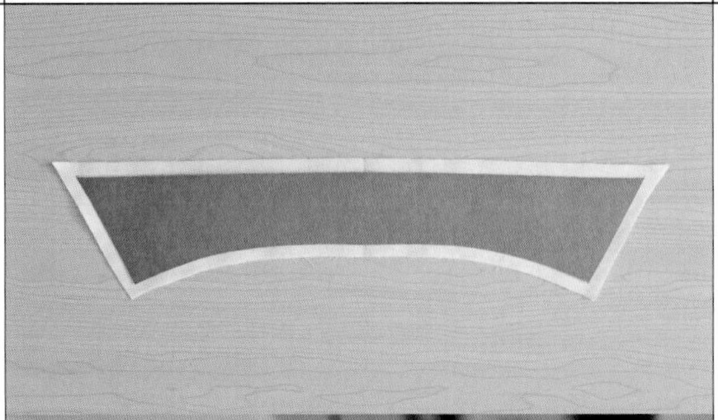   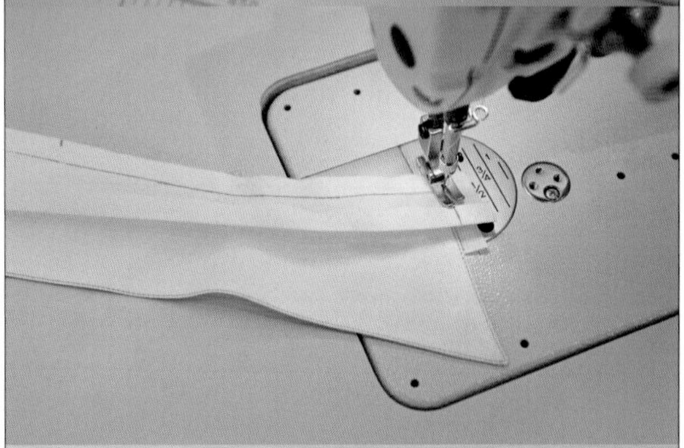 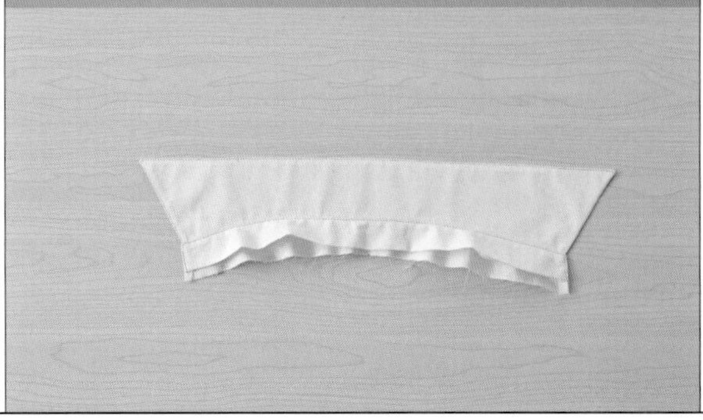	做领工艺	上领工艺： 　　将上领面和上领里正面相对，上领面放下层，上领里放上层，借助工艺样板画净缝线，沿净缝缉线，领角部位采用拉线工艺，且要有里外匀窝势（缉线时注意领面略松）。 　　修剪缝头，上领里缝头修到0.5cm，上领面缝头修到0.8cm。用工艺样板扣烫上领后，翻正上领。 　　注意领角翻出后，上领里朝上熨烫，从两头烫，防止上领里反吐，两领角要对称美观。 　　沿止口缉0.6cm宽的单线，注意止口不要外吐。 领座工艺： 　　领座里沿下口，借助工艺样板，缝头折边1cm扣烫。止口缉0.7cm宽的单线。 　　领座里反面朝上，借助工艺样板画净缝线。 　　将领座面和领座里正面相对，中间夹上领下口缝头，上领面与领座里正面相对，沿领座净线缉线。 　　修领座缝头，圆角处修到0.5cm，扣烫平伏后翻正，并在上领和领座交接处缉0.1cm宽的止口线。 　　整烫领子，使领子平整美观。	平缝机

序号	工艺缝制图示	工序	工艺描述／重难点	设备

序号	工艺缝制图示	工序	工艺描述/重难点	设备
8	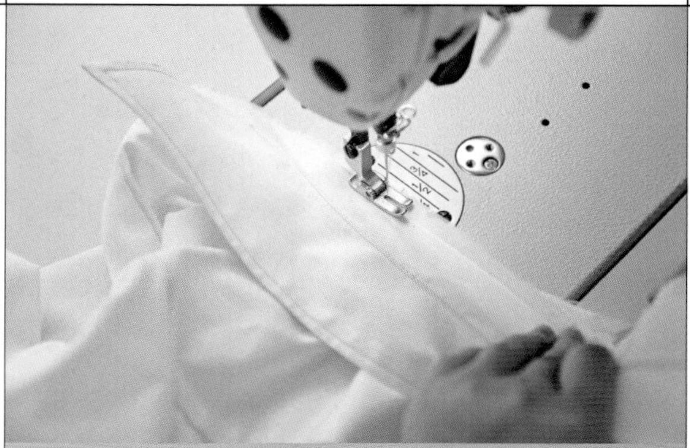  	绱领工艺	绱领：领座面下口缝份与衬衫领圈对齐，两者正面相对，起针时，领座比前中门里襟缩进0.1cm，从前中门襟开始缉1cm宽的单线，注意对位要准确。完成后缝头向领座烫倒、烫平伏。 压领：从右边上领和领座交接处开始缉0.1cm宽的止口线，直至绕至另一端上领和领座的交接处，注意起针和结尾处都要回针。 注意缉线过程，缉线转角要方正，领座圆角要圆顺，领子左右要对称，领座不要产生起涟、落坑等不良效果。	平缝机
9	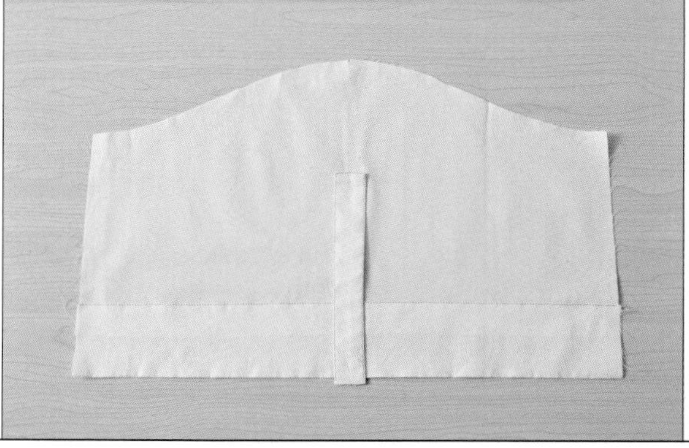	袖衩工艺	将袖衩直丝方向缝份折烫1cm，两块袖衩正面相对，L形缉缝1cm宽的缝份后翻正，三边缉0.1cm宽的止口线。 根据袖子上的袖衩定位，将袖衩固定缉缝到袖子上，注意左右袖袖衩长短一致。	平缝机及熨斗

序号	工艺缝制图示	工序	工艺描述／重难点	设备
10		绱袖工艺	袖子放下层，大身放上层（也可以袖子放上层，大身放下层，便于掌握袖子吃势），正面相叠，袖窿与袖子放齐。袖山头眼刀对准肩缝，肩缝朝后身倒，缉线0.8至1cm，然后拷边。	平缝机及拷边机
11	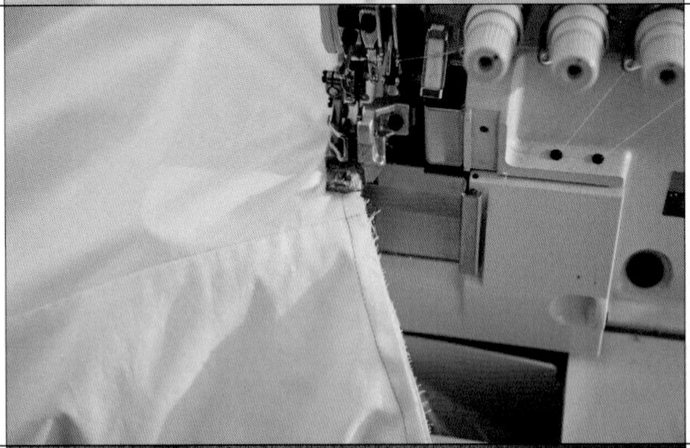	侧缝和袖底缝缉合工艺	袖底缝、前衣片放上层，后衣片放下层。右身从袖子口向下摆方向缝合，至开衩止口处回针固定。左身从下摆开衩定位处起针，向袖口方向缝合，袖底十字缝要对齐上、下层，确保其松紧一致，然后拷边。	平缝机及拷边机
12	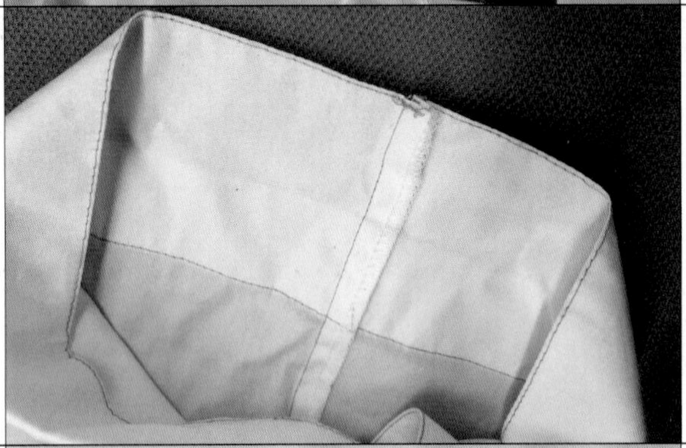	袖口卷边工艺	袖口折转1cm后再折转2cm，缉0.1cm宽的止口线。	平缝机
13		开衩及底边工艺	缉底边，底边卷边工艺，整体1cm卷边，止口以0.1cm缉线。 开衩处缉0.6cm宽的止口线。	平缝机

序号	工艺缝制图示	工序	工艺描述／重难点	设备
14	 	锁眼钉扣及整烫工艺	锁眼：门襟锁直扣眼三个。锁眼根据扣眼位定位，眼大根据纽扣大小确定加纽扣厚度，一般为 1~1.2cm。 钉扣：根据锁眼位居中钉扣。 整烫： ①熨烫前均匀喷水，若有污渍，要先洗干净。 ②先熨烫门里襟。 ③熨烫衣袖，用袖凳辅助熨烫为佳。 ④熨烫领子，先烫领里，再烫领面。 ⑤熨烫侧缝、下摆和后衣片。	手缝针及熨斗

活动五
休闲宽松女衬衫评价标准

休闲宽松女衬衫总体评价要求：

1.休闲宽松女衬衫尺寸符合成品规格尺寸要求。

2.领头、领角长短一致，装领左右对称，领面有窝势，面、里松紧适宜。

3.贴袋美观方正，位置准确，做工精良。

4.一片袖绱袖均匀，两袖长短一致且左右袖对称。

5.半门襟的门襟里襟长短一致，不起吊，扣眼均匀美观。

6.底边宽窄一致，缉线顺直。

7.开衩左右对称，缉线折转方正。

一、自评及小组互评表 (表4-5)

表4-5 自评及小组互评表

序号	评价内容	评价等级				自评	小组互评					
		优	良	中	差		1	2	3	4	5	6
1	遵守考勤制度，无迟到、早退、旷课现象	10	8	6	4							
2	认真自觉完成课前学习任务，理解并掌握知识点	10	8	6	4							
3	能分析理解任务书的内容与要求，明确任务	10	8	6	4							
4	遵守课堂纪律，认真学习	10	8	6	4							
5	能明确和承担自己的分工，并认真完成	10	8	6	4							
6	认真参与小组交流，能表达自己的观点，认真听取他人意见	10	8	6	4							
7	积极合作，与成员配合共同解决问题，具有团队意识	10	8	6	4							
8	积极参与完成学习任务，能主动帮助他人	10	8	6	4							
9	能按时完成学习任务	10	8	6	4							
10	样板制图准确度高，展示效果好	10	8	6	4							

二、企业专家评价表（表4-6）

表4-6 企业专家评价表

序号	评价内容	分值	专家评分	专家评价
1	样板制图规范准确，设计尺寸合理，符合成品尺寸	30		
2	成品样板标注正确，对位记号、丝缕标记无缺漏	10		
3	样衣准确表达设计款式图的成衣着装效果	20		
4	成品样板符合行业标准，可以投入生产实际	20		
5	学生思路清晰，准备充分，能有效沟通交流	20		

三、教师评价表（表4-7）

表4-7 教师评价表

序号	评价内容	评价等级				教师评分
		优	良	中	差	
1	遵守考勤制度，遵守课堂纪律	10	8	6	4	
2	准备充分，完成课前学习任务	10	8	6	4	
3	分工合理明确，自觉主动承担分工	10	8	6	4	
4	理解并掌握本次课的知识点，并能应用	10	8	6	4	
5	样板制图规范准确，设计尺寸合理，符合成品尺寸	10	8	6	4	
6	样衣准确反映设计款式图的成衣着装效果	10	8	6	4	
7	按时完成学习任务	10	8	6	4	
8	小组协作性强，效率高	10	8	6	4	
9	自主性强，具备分析问题、解决问题的能力	10	8	6	4	
10	发言清晰，语言组织得当，汇报展示效果好	10	8	6	4	

活动六
休闲宽松女衬衫拓展训练

张某某完成休闲宽松女衬衫制作任务后，老师表示从款式分析到制板及工艺都较好，因此布置了拓展款（表4-8）练习，我们和张某某一起根据学习的内容来完成拓展款的训练。

表 4-8　休闲女衬衫拓展款制作任务书
单位：cm

款式名称	休闲女衬衫拓展款	款式编号	2032S2008
规格尺寸	165/84A	责任人	张某某

款式描述	款式图
休闲女衬衫拓展款为宽松型款式；小圆角衬衫领；常规短袖；半门襟3颗纽扣；前片左边一立体明工字褶带袋盖贴袋；后片褶裥，育克设计；下摆前短后长；侧缝开衩设计	

规格尺寸

成品规格	后中长（BCL）	背长（BAL）	胸围（B）	腰围（W）	肩宽（SW）	领围（N）	袖长（SL）	袖口宽
165/84A	70	38	114	114	44	40	58	4
测量（成衣）	后中度	后中度	夹下2.5折起度	后中下38折起度	平度	领展开度	肩点度下	平度

面辅料

面料：纯色全棉府绸

辅料：无纺衬，3颗纽扣（门襟），配色线等

设计：	制板：	样衣：	复核：

拓展训练要求

1. 完成1:5结构小图绘制。

2. 完成1:1结构图及样板制作。

3. 完成拓展款的工艺训练。

任务五
时尚廓形女衬衫制作

学习内容

◆ 时尚廓形女衬衫款式及规格设置

◆ 时尚廓形女衬衫样板制作

◆ 时尚廓形女衬衫面辅料裁配

◆ 时尚廓形女衬衫缝制工艺

学习时间

◆ 42课时

知识目标

◆ 掌握时尚廓形女衬衫款式分析的能力

◆ 掌握时尚廓形女衬衫规格设置的方式方法

◆ 掌握时尚廓形女衬衫结构设计及样板制作的方式方法

◆ 掌握时尚廓形女衬衫缝制工艺的方式方法

能力目标

◆ 学生能够独立分析时尚廓形女衬衫制作任务书，拆解、细分任务，完成时尚廓形女衬衫样衣的制作

情感目标

◆ 培养学生的观察分析能力

◆ 培养学生学习的主动意识

◆ 使学生养成良好的学习习惯

案例导入

张某某通过学习和参照多款女衬衫任务书上的相关内容，完成了多款女衬衫的结构和工艺设计。服装企业看到学校的一体化教学后，想和学校合作开发新款，需要张某某根据企业提供的制造单完成时尚廓形女衬衫的样衣试制。

首先，张某某需要根据制造单，如表5-1所示，完成时尚廓形女衬衫的制作任务书（表5-2）。

表 5-1　时尚廓形女衬衫生产制造单

*** 服饰有限责任公司生产制造单

供应商：	制单日期：
款号：2032S2009	款名：时尚廓形女衬衫
制单编号：	数量：
面料：	货期：

颜色尺码配比表　（单位：件）

颜色	色号	155/76A	160/80A	165/84A	170/88A	175/92A	合计
漂白	100						
黑色	900						
合计							

规格尺寸表　（单位：cm）

序号	部位	公差	规格 XS 155/76A	规格 S 160/80A	规格 M 165/84A	规格 L 170/88A	规格 XL 175/92A	度法
A	后中长	±1	70	72	74	76	78	后中度
B	肩宽	±0.5	57.6	58.8	60	61.2	62.4	平度
C	胸围	+1.5/-1	114	118	122	126	130	夹下2.5折起度
D	腰节线		36	37	38	39	40	后中下
E	袖长	±1	47	48.5	50	51.5	53	肩点度下
F	袖口宽	±0.5	22	23	24	25	26	
G	门襟宽		2.5					
H	领高		2.5					后中度
I	袖口花边宽		5					
J	袖克夫宽		3					
K	袖衩		10×1					长×宽

工艺款式图

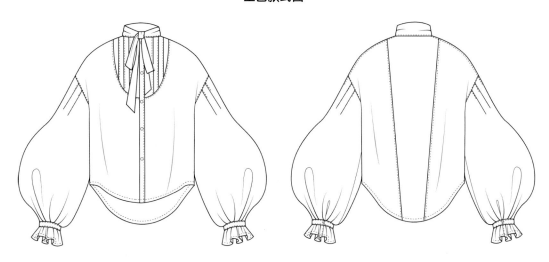

生产工艺要求

裁　剪：避边中色差排麦架，所有的部位不接受色差

针　距：面线 3cm13 针，拷边线 3cm15 针，所有的明线部位不可以接线

粘合衬位：袖克夫、领面、门襟、里襟，落无纺衬

纽　扣：403# 线订扣，每孔 8 股线，平行订

　　线：全件车线配大身色线

包装要求

烫法：√ 平烫　　□ 中骨烫　　□ 挂装烫法　　□ 扁烫　　□ 企领烫

描述：不可有烫黄、发硬、变色、激光、渗胶、折痕、起皱、潮湿（冷却后包装）等现象

包装方法：

Ⅰ.√ 折装　　□ 挂装

Ⅱ.√ 每件入一胶袋（按规格分包装胶袋的颜色）　　□ 其他

描述：每件成品，扣好纽扣，袖折入背，再上下折，挂牌在尺码标上

注意：吊牌不可串码，合格证在下，价格牌在上。备扣袋在合格证下

装箱方法：

Ⅰ.单色单码 30 件入一外箱

　　□ 双坑　　√ 三坑　　□ 其他

Ⅱ.尾数单色杂码装箱

描述：

　　　　箱尺寸：45 cm（长）×45 cm（宽）×30 cm（高）

　　　　箱的底层各放一块单坑纸板

　　　　除箱底面四边须用胶纸封箱外，还须用尼龙带平行扎外箱

物料资料

物料名称	物料编号	规格	颜色	门封	用量	备注
全棉府绸	W213061			144cm	1.1m	面布
粘合衬				100cm	0.23m	
树脂扣	N21F/W-02	14L	配色		7+1	门襟、袖口
面线		403#	配色			
底线、拷边线		603#	配色			
平眼线		603#	配色			
尺码标	Z21Q/S-01	分码			1	
洗水标					1	
价格牌		分码			1	
合格证					1	
胶夹					3	
棉绳		0.2cm 宽	米色		1	毛长 34cm
别针		12 号	金色		1	
拷贝纸					1	
胶袋		分码	分色		1	
小胶袋					1	备扣用
单坑纸板						一箱两个
纸箱	三坑面					

表 5-2　时尚廓形女衬衫制作任务书

款式名称	时尚廓形女衬衫	款式编号	2032S2009
规格尺寸	165/84A	责任人	张某某

款式描述	款式图
时尚廓形女衬衫为宽松型款式；飘带领；长袖，袖山褶裥装饰，袖口花边抽褶、装袖克夫，并开直衩；门襟 5 颗纽扣；前片塔克装饰拼接；后片纵向对称斜分割，下摆弧线前短后长	

规格尺寸							
成品规格	后中长（BCL）	背长（BAL）	胸围（B）	肩宽（SW）	袖长（SL）	袖克夫（宽 / 高）	袖口花边宽
165/84A	74	38	122	60	50	24/3	5
测量（成衣）	后中度	后中度	夹下 2.5 折起度	后中下 38 折起度	肩点度下	展开度	

面辅料
面料：纯色全棉府绸
辅料：无纺衬，7 颗纽扣（门襟 5 颗，左右袖口各 1 颗），配色线等

设计：	制板：	样衣：	复核：

活动一
时尚廓形女衬衫款式和规格设置

一、时尚廓形女衬衫款式分析

图 5-1　时尚廓形女衬衫效果图及正背面款式图

时尚廓形女衬衫款式图分析

（1）时尚廓形女衬衫为宽松型款式。

（2）领子：飘带领。

（3）袖子：长袖，袖山若干褶裥，袖口抽褶并装花边袖克夫固定。

（4）前片：前片圆弧形分割，配塔克裥设计。

（5）后片：对称纵向分割线设计。

（6）门襟：门襟5粒扣设计。

（7）下摆：前短后长，圆弧造型设计。

二、时尚廓形女衬衫规格设计（表5-3、表5-4）

表5-3　时尚廓形女衬衫规格尺寸表　　　　　　　单位：cm

款式名称	时尚廓形女衬衫			款式编号		2032S2009	
部位	后中长（BCL）	背长（BAL）	胸围（B）	肩宽（SW）	袖长（SL）	袖克夫（宽/高）	袖口花边宽
净尺寸		38	84	38			
成品尺寸	74	38	122	60	50	24/3	5

表5-4　时尚廓形女衬衫系列规格参考表　　　　　　　单位：cm

部位	型号				
	155/76A	160/80A	165/84A	170/88A	175/92A
后中长	70	72	74	76	78
背长	36	37	38	39	40
胸围	114	118	122	126	130
腰围	114	118	122	126	130
肩宽	47.6	48.8	50	51.2	52.4
袖长	47	48.5	50	51.5	53

活动二
时尚廓形女衬衫样板制作

一、时尚廓形女衬衫结构制图

1. 衣身原型转省（图 5-2）
2. 衣身结构设计（图 5-3）
3. 领子结构设计（图 5-4）
4. 袖子结构设计（图 5-5）

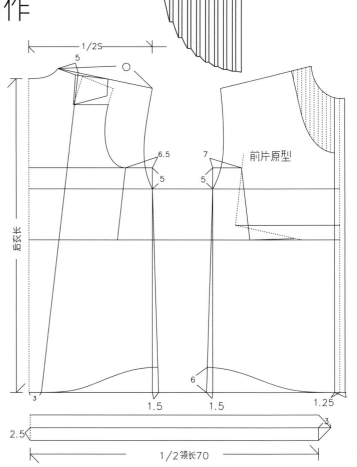

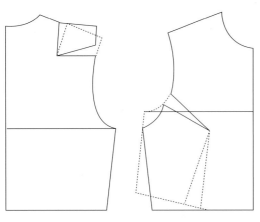

图 5-2　时尚廓形女衬衫衣身原型转省

图 5-3　时尚廓形女衬衫衣身结构设计（单位：cm）

图 5-4　时尚廓形女衬衫领子结构设计（单位：cm）

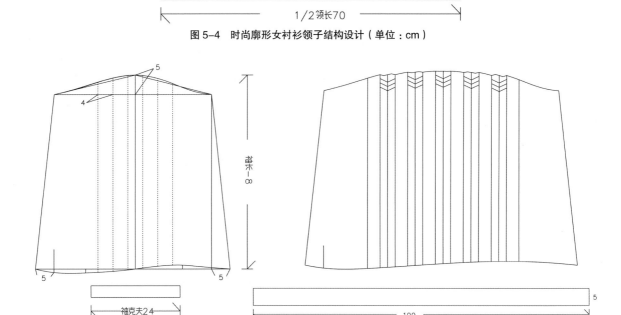

图 5-5　时尚廓形女衬衫袖子结构设计（单位：cm）

二、时尚廓形女衬衫样板制作

1. 时尚廓形女衬衫放缝要求

（1）底边放缝 1.2cm。

（2）后片拼缝、侧缝、袖窿、肩缝、领围、前中、塔克褶、门里襟条、袖山弧线、袖底缝、袖衩、领等均放缝 1cm。

（3）时尚廓形女衬衫放缝图，如图 5-6 所示。

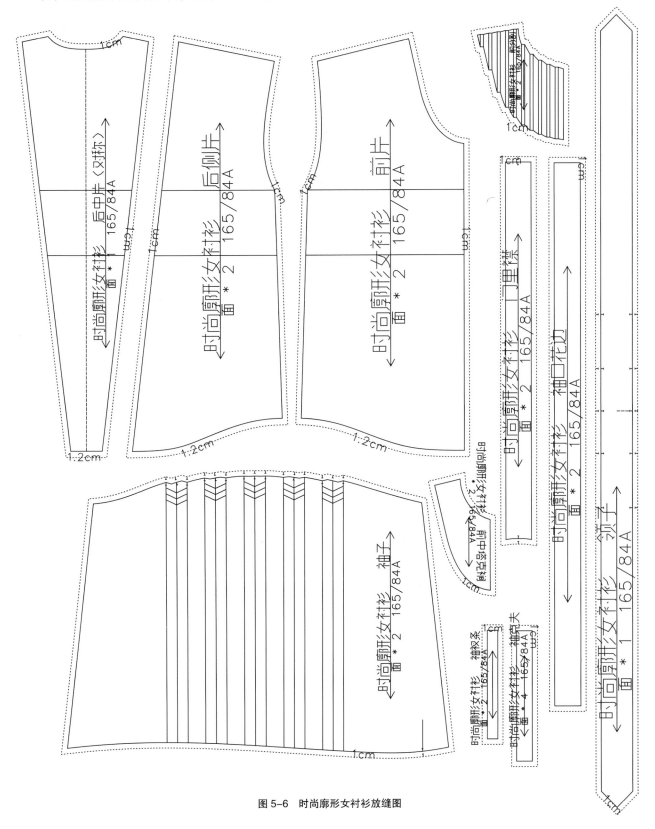

图 5-6　时尚廓形女衬衫放缝图

活动三

时尚廓形女衬衫面辅料裁配

在时尚廓形女衬衫工艺制作之前，张某某需要完成其面辅料的准备工作，其中包括面料、衬料的排料、裁剪及辅料的准备。

一、时尚廓形女衬衫面料排料（图 5-7）

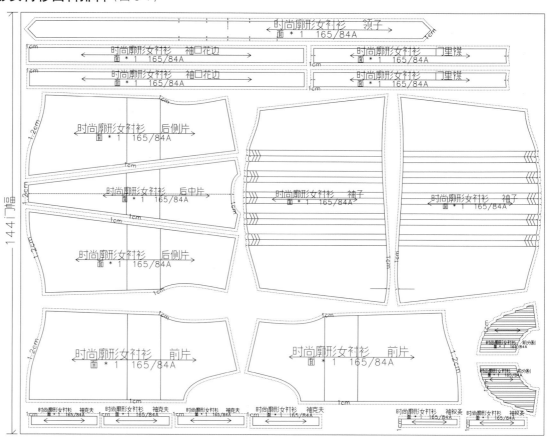

图 5-7　时尚廓形女衬衫面料排料图

二、时尚廓形女衬衫面料裁配

1. 面料的裁片

（1）前片 ×2；

（2）塔克褶 ×2；

（3）门里襟 ×2；

（4）后中片 ×1；

（5）后侧片 ×2；

（6）袖片 ×2；

（7）袖衩 ×2；

（8）袖克夫 ×4；

（9）袖口花边 ×2；

（10）领子 ×1。

2. 衬料的裁片

（1）领面纸衬 ×1；

（2）门里襟纸衬 ×2；

（3）袖克夫面纸衬 ×2。

三、时尚廓形女衬衫辅料准备

（1）门襟纽扣 5 颗。

（2）袖克夫纽扣 2 颗。

（3）配色线 1 卷。

活动四
时尚廓形女衬衫缝制工艺

张某某完成时尚廓形女衬衫面辅料裁配后，按照任务单的要求，为使其工艺缝制有序进行，在缝制前他将合理安排各个缝制工序的顺序，尽可能使工序前后衔接良好，提高时尚廓形松女衬衫的工艺缝制效率。大家思考下张某某如何安排会比较合理呢？

一、时尚廓形女衬衫缝制工艺流程

整理裁片并烫粘合衬→作缝制标记→前塔克裥工艺→前片拼缝工艺→门里襟工艺→后片拼缝工艺→拼肩缝工艺→做领子→绱领子→做袖衩→绱袖衩→做袖子→绱袖子→缝绱侧缝和袖底缝→做花边和袖克夫→绱袖克夫→底边工艺→锁眼钉扣→整烫→质检，详细工艺流程图如图5-8所示。

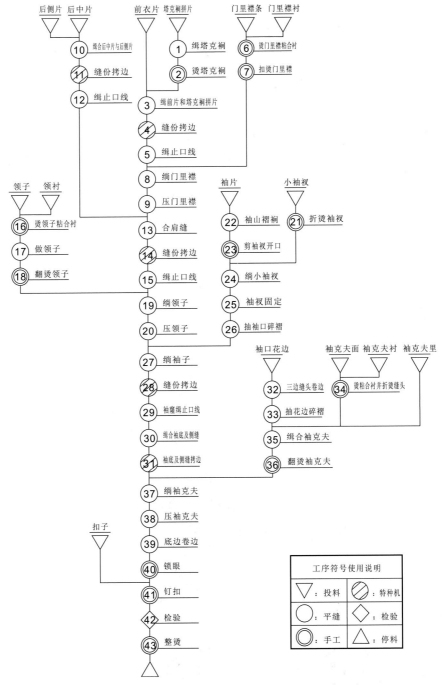

图5-8 时尚廓形女衬衫工艺流程图

二、时尚廓形女衬衫的缝制工艺步骤（表 5-5）

表 5-5　时尚廓形女衬衫缝制工艺步骤

序号	工艺缝制图示	工序	工艺描述 / 重难点	设备
1	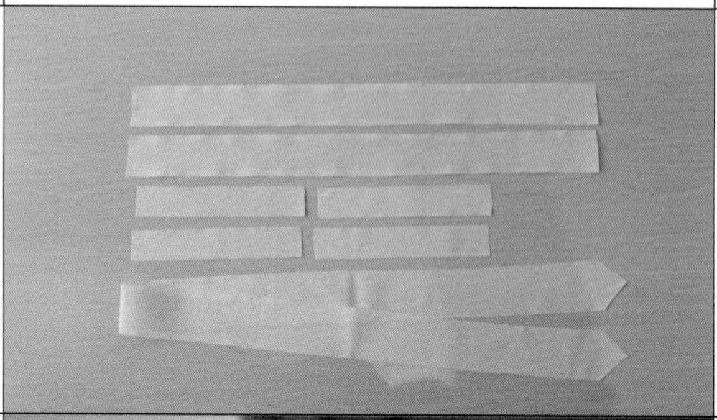	烫粘合衬及作缝制标记	领面、门襟、里襟、袖克夫面烫无纺粘合衬。 根据样板要求，对拼缝对位处进行标记，特别是门襟位、后领中、袖山顶点、褶裥位等。	熨斗及工艺样板
2		前塔克裥工艺	根据要求缉合塔克裥，注意每一条塔克裥宽度要一致，符合规格要求。	平缝机
3		前片拼缝工艺	塔克裥拼布正面与前片弧形位正面相对，以缝份1cm缉合后拷边。 缝份向前片倒，并缉0.1cm宽的止口线。	平缝机与拷边机
4	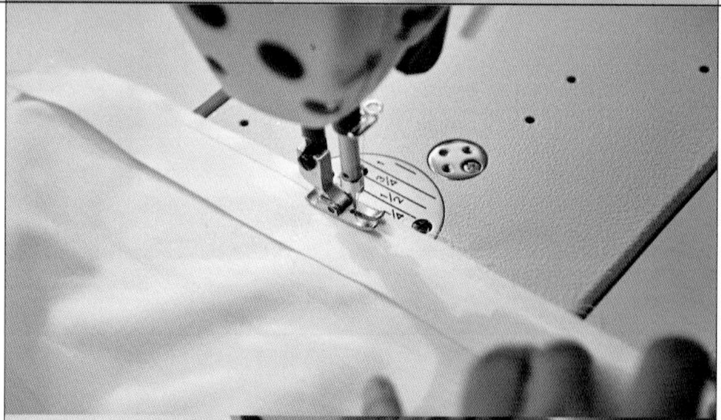 	门里襟工艺	按要求折烫门里襟，使门里襟宽2.5cm且烫出里外匀。 封门里襟上下口，缝份为1cm，并翻正烫平服。 门里襟夹车前片，注意缝到底边处，底边先在前中部位卷边折烫0.6cm，注意门里襟上口衣身需要剪刀口。	平缝机与熨斗

序号	工艺缝制图示	工序	工艺描述／重难点	设备
5		后片拼缝工艺	将后中片纵向缝份正面与后侧片纵向缝份正面相对，以缝份 1cm 拼缝缉合并拷边。 缝份向后侧片倒，缉 0.1cm 宽的单线。	平缝机与拷边机
6		拼肩缝工艺	将前后片肩缝正面相对，后片肩缝在下，前片在上，以缝份 1cm 缉线后拷边。 注意缉缝过程中，容缩后肩，使得前后肩缝长短缉合后刚好一致。	平缝机与拷边机
7	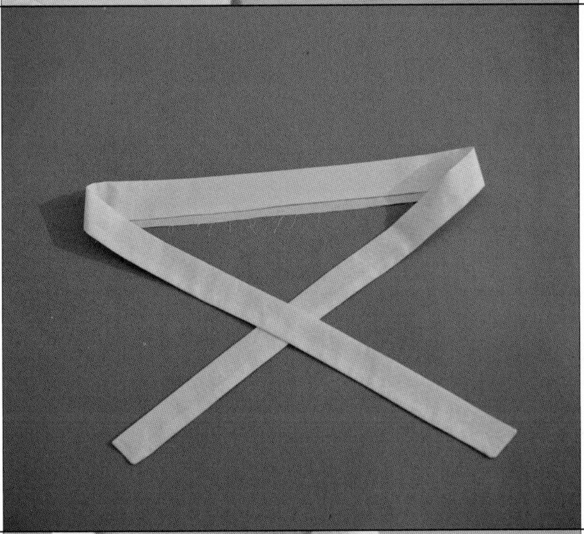	做领工艺	根据剪口，剪领里的两个对位记号处，注意剪口深度不超过 0.9cm。 将领子反面朝上，正面相对后对折，从剪口位置处开始，向飘带领两头缉线，并注意领子两端转角要方正。 修剪缝头并扣烫缝份后，翻正飘带领，并烫平伏，注意领面缝份也需折转 1cm 并烫平伏。 飘带领工艺	平缝机及熨斗
8		绱领工艺	领圈反面与领里正面相对，剪口对准门里襟止口处，以缝份 1cm 缉合。 将缝份翻进领子后，领面缉 0.1cm 宽的止口线，完成绱领。	平缝机

序号	工艺缝制图示	工序	工艺描述／重难点	设备
9	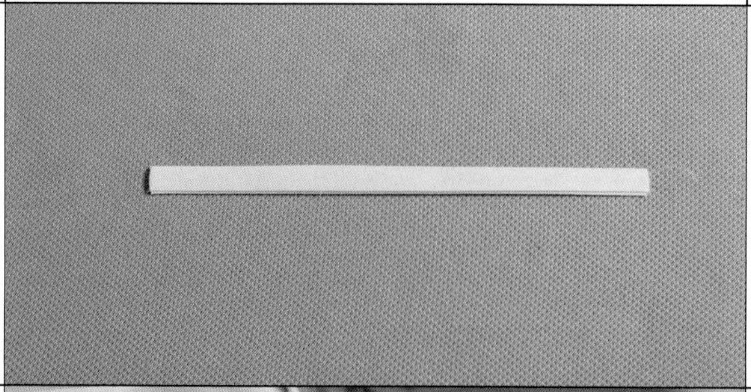	烫袖衩工艺	袖衩折烫方式同里襟，且袖衩宽1cm。 （具体方式同常规基础女衬衫袖衩工艺）	熨斗
10	 	绱袖衩工艺	根据袖子上的袖衩定位，剪袖衩开口，注意不要剪毛。 袖衩夹车袖衩剪口，缉0.1cm宽的止口线，注意缉线过程中，拉直袖衩剪口。 袖衩顶封三角，注意回针。	平缝机
11		做袖工艺	根据袖山处的刀眼位，先做袖山的褶裥，以0.5cm缝份固定。	平缝机

序号	工艺缝制图示	工序	工艺描述／重难点	设备
12	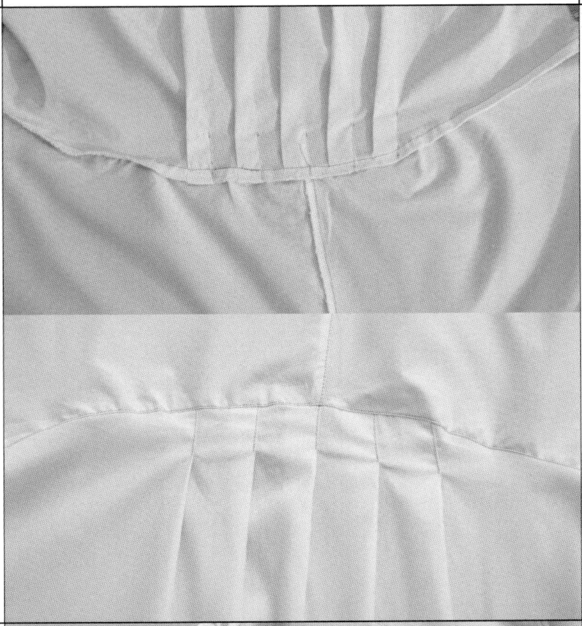	绱袖工艺	将袖窿围正面与袖山正面相对，注意袖山顶点与肩缝对准，从袖底缝开始缉1cm宽的缝份，缝份拷边后向衣身倒，并缉0.1cm宽的止口线。 塔克裥工艺	平缝机及拷边机
13	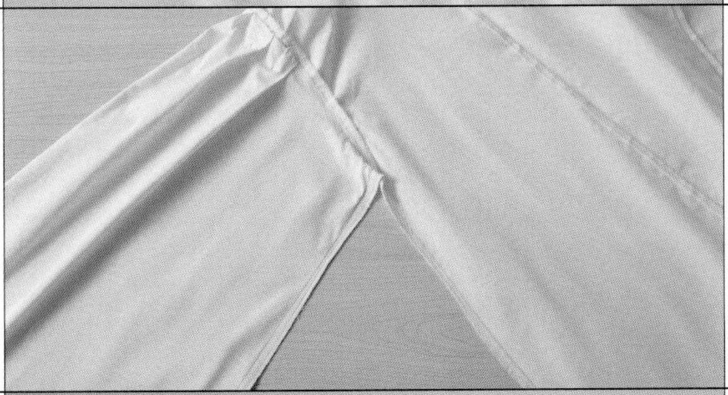	缝缉侧缝和袖底缝工艺	袖底对准十字交叉位，衣身侧缝及袖底缝正面相对，缝份为1cm，缉线后拷边，缝份向后烫倒即可。	平缝机及拷边机
14	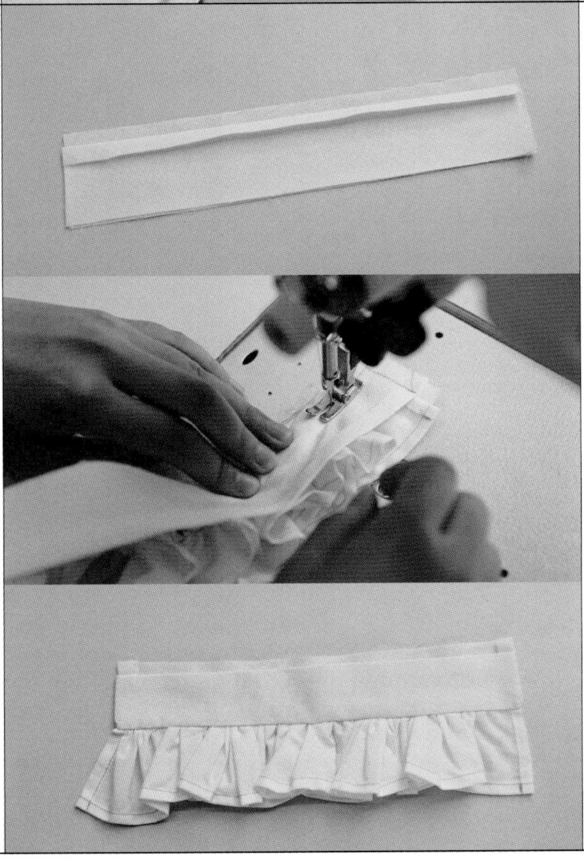	做袖克夫工艺	袖口花边三边采用0.5cm卷边工艺。袖口花边另一边抽褶处理，抽碎褶后宽度同袖克夫尺寸。 　　袖克夫面折烫一边，同时和袖克夫里夹车花边，注意花边的正向要和袖克夫面相对。封两头后修剪袖克夫缝份，再将其翻正。 褶裥袖工艺　　花边袖克夫工艺	平缝机及熨斗

序号	工艺缝制图示	工序	工艺描述／重难点	设备
15		绱袖克夫工艺	绱袖克夫方式同常规基础女衬衫绱袖克夫工艺，注意绱袖克夫前，先将前片直裥折转封口，再进行绱袖克夫工艺。	平缝机
16	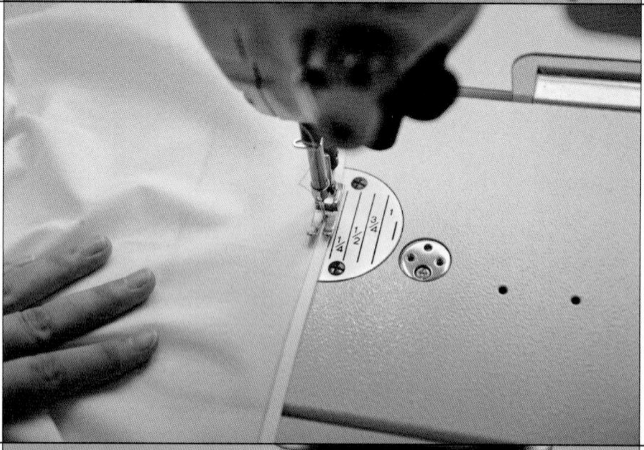	底边工艺	底边采用 0.6cm 卷边工艺，要求顺直美观，无起涟现象。	平缝机
17		锁眼钉扣工艺	锁眼：门襟锁直扣眼 5 个。锁眼根据扣眼位定位，眼大根据纽扣大小加扣子厚度确定，一般为 1~1.2cm。 钉扣：根据锁眼位钉扣。	手缝针

序号	工艺缝制图示	工序	工艺描述／重难点	设备
18	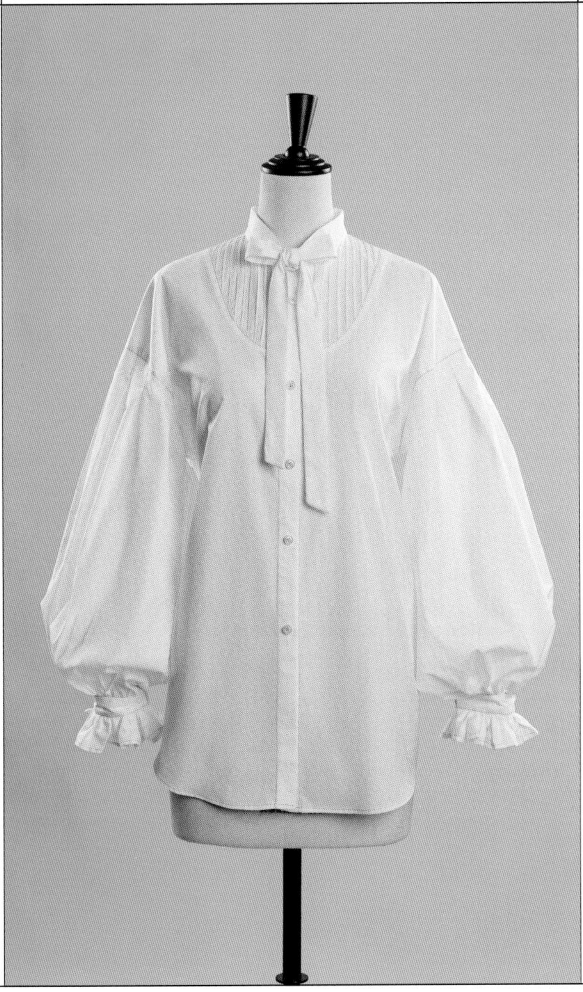	整烫工艺	①熨烫前均匀喷水，若有污渍，要先洗干净。 ②先熨烫门里襟。 ③熨烫衣袖，用袖凳辅助熨烫为佳。 ④熨烫领子，先烫领里，再烫领面。 ⑤熨烫侧缝、下摆和后衣片。 ⑥衣服扣子扣好，放平，烫平左、右衣片。	熨斗

活动五

时尚廓形女衬衫评价标准

一、自评及小组互评表

表5-6　自评及小组互评表

序号	评价内容	评价等级				自评	小组互评					
		优	良	中	差		1	2	3	4	5	6
1	遵守考勤制度，无迟到、早退、旷课现象	10	8	6	4							
2	认真自觉完成课前学习任务，理解并掌握知识点	10	8	6	4							
3	能分析理解任务书的内容与要求，明确任务	10	8	6	4							
4	遵守课堂纪律，认真学习	10	8	6	4							
5	能明确和承担自己的分工，并认真完成	10	8	6	4							
6	认真参与小组交流，能表达自己的观点，认真听取他人意见	10	8	6	4							
7	积极合作，与成员配合共同解决问题，具有团队意识	10	8	6	4							
8	积极参与完成学习任务，能主动帮助他人	10	8	6	4							
9	能按时完成学习任务	10	8	6	4							
10	样板制图准确度高，展示效果好	10	8	6	4							

二、企业专家评价表

表 5-7　企业专家评价表

序号	评价内容	分值	专家评分	专家评价
1	样板制图规范准确，设计尺寸合理，符合成品尺寸	30		
2	成品样板标注正确，对位记号、丝缕标记无缺漏	10		
3	样衣准确表达设计款式图的成衣着装效果	20		
4	成品样板符合行业标准，可以投入生产实际	20		
5	学生思路清晰，准备充分，能有效沟通交流	20		

三、教师评价表

表 5-8　教师评价表

序号	评价内容	评价等级				教师评分
		优	良	中	差	
1	遵守考勤制度，遵守课堂纪律	10	8	6	4	
2	准备充分，完成课前学习任务	10	8	6	4	
3	分工合理明确，自觉主动承担分工	10	8	6	4	
4	理解并掌握本次课的知识点，并能应用	10	8	6	4	
5	样板制图规范准确，设计尺寸合理，符合成品尺寸	10	8	6	4	
6	样衣准确反映设计款式图的成衣着装效果	10	8	6	4	
7	按时完成学习任务	10	8	6	4	
8	小组协作性强，效率高	10	8	6	4	
9	自主性强，具备分析问题、解决问题的能力	10	8	6	4	
10	发言清晰，语言组织得当，汇报展示效果好	10	8	6	4	

活动六

时尚廓形女衬衫拓展训练 (表5-9)

表5-9 时尚廓形女衬衫拓展款制作任务书

单位：cm

款式名称	时尚廓形女衬衫拓展款	款式编号	2032S2010
规格尺寸	165/84A	责任人	张某某

款式描述	款式图
时尚廓形女衬衫拓展款为宽松型款式；蝴蝶结领；前中假两件装饰性分割线，前片拼缝处抽褶；长袖，袖口直开衩，花边装饰，并用袖克夫收口；门襟4颗纽扣；后片纵向分割线，下摆前短后长	

规格尺寸

成品规格	后中长（BCL）	背长（BAL）	胸围（B）	腰围（W）	肩宽（SW）	袖长（SL）	袖克夫（宽/高）	袖口花边宽
165/84A	64	38	106	106	60	50	22/2	5
测量（成衣）	后中度	后中度	夹下2.5折起度	后中下38折起度	平度	肩点度下	展开度	

面辅料

面料：纯色全棉府绸

辅料：无纺衬，6颗纽扣（门襟4颗，左右袖克夫各1颗），配色线等

设计：	制板：	样衣：	复核：

拓展训练要求：

1.完成1:5结构小图绘制。

2.完成1:1结构图及样板制作。

3.完成拓展款的工艺训练。